高等学校化学实验教材

无机化学实验（第 4 版）

主　编　冯丽娟

副主编　王林同　李大成　毕思玮

　　　　王立斌　王新芳　高之清

中国海洋大学出版社

·青岛·

图书在版编目(CIP)数据

无机化学实验 / 冯丽娟主编. —4 版. —青岛：
中国海洋大学出版社，2022. 8
ISBN 978-7-5670-3230-9

Ⅰ.①无…　Ⅱ.①冯…　Ⅲ.①无机化学－化学实验－
高等学校－教材　Ⅳ.①O61-33

中国版本图书馆 CIP 数据核字(2022)第 147095 号

出版发行	中国海洋大学出版社		
社　　址	青岛市香港东路 23 号	**邮政编码**	266071
网　　址	http://pub.ouc.edu.cn		
电子信箱	xianlimeng@gmail.com		
订购电话	0532—82032573(传真)		
丛书策划	孟显丽		
责任编辑	孟显丽	**电　　话**	0532—85901092
印　　制	日照日报印务中心		
版　　次	2022 年 8 月第 4 版		
印　　次	2022 年 8 月第 1 次印刷		
成品尺寸	170 mm×230 mm		
印　　张	12.25		
字　　数	250 千		
印　　数	1～5000		
定　　价	35.00 元		

总　序

　　化学是一门重要的基础学科,与物理、信息、生命、材料、环境、能源、地球和空间等学科有紧密的联系、交叉和渗透,在人类进步和社会发展中起到了举足轻重的作用。同时,化学又是一门典型的以实验为基础的学科。在化学教学中,思维能力、学习能力、创新能力、动手能力和专业实用技能是培养创新人才的关键。

　　随着化学教学内容和实验教学体系的不断改革,高校需要一套内容充实、体系新颖、可操作性强、实验方法先进的实验教材。

　　由中国海洋大学、曲阜师范大学、聊城大学和烟台大学等12所高校编写的"高等学校化学实验教材",现在与读者见面了。该系列教材既满足通识和专业教育的要求,又体现学校特色和创新思维能力的培养。纵览这套教材,有五个非常明显的特点:

　　1. "高等学校化学实验教材"编写指导委员会由各校教学一线的院系领导组成,编写指导委员会成员和主编人员均由教学经验丰富的教授担任,能够准确把握目前化学实验教学的脉搏,使整套教材具有前瞻性。

　　2. 所有参编人员均来自实验教学第一线,基础实验仪器设备介绍清楚、药品用量准确;综合、设计性实验难度适中,可操作性强,使整套教材具有实用性。

　　3. 所有实验均经过不同院校相关教师的验证,具有较好的重复性。

　　4. 每本教材都由基础实验和综合实验组成,内容丰富,不同学校可以根据需要从中选取,具有广泛性。

　　5. 实验内容集各校之长,充分考虑到仪器型号的差别,介绍全面,具有可行性。

　　一本好的实验教材,是培养优秀学生的基础之一,"高等学校化学实验教材"的出版,无疑是化学实验教学的喜讯。我和大家一样,相信这套教材在进一步提高实验教学质量、促进学生的思维创新和强化实验技能等方面将发挥积极的作用。

高从堦

2009 年 5 月 18 日

总 前 言

实验化学贯穿于化学教育的全过程,既与理论课程密切相关又独立于理论课程,是化学教育的重要基础。

为了配合实验教学体系改革和满足创新人才培养的需要,编写一套优秀的化学实验教材是非常必要的。由中国海洋大学、曲阜师范大学、聊城大学、烟台大学、潍坊学院、泰山学院、临沂师范学院、德州学院、菏泽学院、枣庄学院、济宁学院、滨州学院 12 所高校组成的高等学校化学实验教材编写指导委员会在 2008 年 4 月至 6 月期间,先后在青岛、济南和曲阜召开了 3 次编写研讨会。以上院校以及中国海洋大学出版社的相关人员参加了会议。

本系列实验教材包括《无机及分析化学实验》《无机化学实验》《分析化学实验》《仪器分析实验》《有机化学实验》《物理化学实验》和《化工原理实验》,涵盖了高校化学基础实验。

中国工程院高从堦院士对本套实验教材的编写给予了大力支持,对实验内容的设置提出了重要的修改意见,并欣然作序,在此表示衷心感谢。

在编写过程中,中国海洋大学对《无机及分析化学实验》《无机化学实验》给予了教材建设基金的支持,曲阜师范大学、聊城大学、烟台大学对本套教材编写给予了支持,中国海洋大学出版社为该系列教材的出版做了大量组织工作,并对编写研讨会提供全面支持,在此一并表示衷心感谢。

由于编者水平有限,书中不妥和错误在所难免,恳请同仁和读者不吝指教。

高等学校化学实验教材编写指导委员会
2009 年 7 月 10 日

前　言

　　实验教学在化学教学中占有极其重要的地位,是整个化学教学过程中必不可少的环节。无机化学实验是化学及相关专业学生进入大学所开设的第一门化学系列实验课程,不仅要为学生后继课程学习和从事科研工作打下良好基础,更担负着承上启下的重要作用。

　　本教材为七所高校教学第一线共二十余位教师根据多年教学改革实践经验鼎力合作编写,全书由冯丽娟教授负责组织、修改和统稿。教材共分绪论、常用仪器及使用方法、基本知识和基本技能、基本操作和原理实验、元素性质和无机化合物制备实验、综合设计研究实验六章。全书共包含四十四个实验,实验内容力争体现实用性、先进性和扩展性。精选实验内容不仅可以强化学生基本实验技能训练,同时也可以锻炼和培养学生科学研究能力。教材中基础知识和科研实践成果以及学科前沿知识的有机融合,更使实验内容有较大的选择、组合空间。

　　本教材编写过程中参考了其他相关教材、手册、专著和网站,并得到了高等学校化学实验教材编写指导委员会的指导和建议,在此一并表示感谢。

　　限于编者水平,书中定会存有疏漏和不当之处,敬请读者指正。

编　者
2009 年 6 月 20 日

目　　次

第一章　绪论

一、无机化学实验的目的

实验教学在化学教学中占有极其重要的地位,无机化学实验是学习无机化学的重要环节。它的主要目的是通过实验,使学生获得大量物质变化的第一手感性知识,进一步了解元素及化合物的重要性质和反应,以及重要化合物的一般分离和制备方法,加深对无机化学基本原理和基础知识的理解;掌握无机化学实验的基本操作和技能,学习归纳总结、综合处理科学数据的方法,并不断提高分析问题、解决问题的能力;培养学生独立工作和独立思考的创新能力,培养学生实事求是和严谨认真的科学态度,培养学生辩证唯物主义世界观,使学生初步掌握科学研究的方法,为学生后续课程学习和从事科研工作打下良好基础。

二、无机化学实验课的学习方法和要求

为了使实验能够获得良好的效果,学生不仅要有正确的学习态度而且要有正确的学习方法。

1. 课前预习

(1)进行课前预习是必须的,要认真阅读教科书中的有关内容,查找必要的参考资料;明确实验目的,弄清实验原理。

(2)了解实验的内容、步骤和注意事项。

(3)按指导教师的要求撰写预习报告,写明实验步骤及注意事项,并在预习报告中留有记录实验现象和数据的位置。

2. 实验过程

(1)根据实验教材规定的方法、步骤和试剂用量进行操作。

(2)实验过程中要勤于思考,细心观察现象,并及时、如实地作好详细实验记录。

(3)实验中出现反常现象时,应认真分析和检查原因,利用对照试验、空白试验来验证,从中得到正确的科学结论和学习科学思维的方法。

(4)遵守实验室工作和安全规则,在实验过程中应保持安静和桌面整洁。

(5)实验完成时,实验记录交由指导教师检查签字。

3. 实验报告

(1)实验报告是对每次实验的概括和总结,实验报告的撰写是实验的重要环节,报告应条理清晰、文字简练、书写整齐规范、结论明确、讨论透彻。

(2)不同类型的实验报告格式可以不同,但原则上报告应包括实验题目、实验目的、实验试剂和仪器、实验原理、实验内容(对实验实际操作的具体描述,尽量用表格、框图等形式清晰、明了地表示)、实验现象(表达要详细、正确)及解释(现象解释要简明,写出主要反应方程式,分标题小结或得出最后结论。数据计算要有完整的计算过程,注意有效数字的修约与保留)、讨论(完成实验教材中的思考题,针对实验中遇到的疑难问题提出自己的见解,分析实验误差产生的原因,对实验方法和实验内容提出意见或建议)等,各部分可以相互渗透,形成完整的报告。

(3)实验报告应独立完成,杜绝主观杜撰实验现象和数据以及抄袭实验报告的行为。

无机实验报告参考示例:

范例一　粗食盐的提纯

一、实验目的

1. 掌握提纯氯化钠的原理和方法。

2. 学习溶解、常压过滤、减压过滤、蒸发浓缩、结晶和烘干等基本操作。

3. 了解 Ca^{2+}, Mg^{2+}, SO_4^{2-} 等离子的定性鉴定方法。

二、实验原理

粗食盐中含有不溶性杂质(如泥沙等)和可溶性杂质(主要是 Ca^{2+}, Mg^{2+}, Ba^{2+}, SO_4^{2-} 等),不溶性杂质粗食盐溶解后可过滤除去,可溶性杂质则要用化学沉淀方法除去。

除 SO_4^{2-}: $Ba^{2+} + SO_4^{2-} = BaSO_4 \downarrow$

除 Ba^{2+}: $Ba^{2+} + CO_3^{2-} = BaCO_3 \downarrow$

除 Ca^{2+}: $Ca^{2+} + CO_3^{2-} = CaCO_3 \downarrow$

除 Mg^{2+}: $2Mg^{2+} + 2OH^- + CO_3^{2-} = Mg_2(OH)_2CO_3 \downarrow$

过量的 CO_3^{2-} 用盐酸除去。

含量较少的 K^+ 仍留在母液中通过过滤除去。

三、仪器和试剂(略)

四、实验步骤与结果

1. 粗食盐的溶解。

2. 除去泥沙及 SO_4^{2-}。

五、产品的产率和纯度检验

1. 产率(略)。

2. 纯度检验：称取精盐和粗盐各 0.5 g 分别溶于 5 mL 蒸馏水中，将所得的溶液进行离子检验，具体步骤与实验结果如表 1-1 所示。

表 1-1　离子检验结果

检验项目	检验方法	被检溶液	实验现象	结论
SO_4^{2-}	分别加入 2 滴 6 mol·dm⁻³ 盐酸和 3 滴 0.2 mol·dm⁻³ BaCl₂ 溶液	1 mL 粗 NaCl 溶液 1 mL 纯 NaCl 溶液		
Ca^{2+}	加入 2 滴饱和 $(NH_4)_2C_2O_4$ 溶液	1 mL 粗 NaCl 溶液 1 mL 纯 NaCl 溶液		
Mg^{2+}	分别加入 2 滴 6 mol·dm⁻³ NaOH 溶液和 2 滴镁试剂	1 mL 粗 NaCl 溶液 1 mL 纯 NaCl 溶液		

六、思考题(略)

范例二　醋酸电离常数和电离度的测定——pH 法

一、实验目的(略)

二、实验原理(略)

三、仪器和试剂(略)

四、实验步骤与结果

1. 配制 0.2 mol·dm⁻³ HAc 溶液，并进行浓度标定(具体操作略)后，将所得数据及处理结果填入表 1-2。

表 1-2　0.2 mol·dm⁻³ HAc 溶液的浓度标定

标准 NaOH 溶液浓度/mol·dm⁻³			
平行滴定份数	1	2	3
HAc 的移取体积/mL	25.00	25.00	25.00

续表

标准 NaOH 溶液浓度/mol·dm^{-3}				
平行滴定份数		1	2.	3
消耗标准 NaOH 溶液体积/mL				
HAc 溶液的浓度/mol·dm^{-3}	测定值			
	平均值			
	相对偏差			

2. 配制不同浓度的 HAc 溶液(略)。

3. 测定 HAc 溶液的 pH 值,并计算 α 和 K_a(具体略),将实验数据和计算所得的 α 和 K_a 填入表 1-3。

表 1-3　HAc 溶液的 pH 值及 α 和 K_a　　　温度:_____℃

溶液编号	$c/$ mol·dm^{-3}	pH	[H$^+$]/ mol·dm^{-3}	$\alpha/\%$	K_a 计算值	平均值
1						
2						
3						
4						

五、思考题(略)

范例三　p 区元素——卤素、氧、硫

一、实验目的(略)

二、仪器和试剂(略)

三、实验内容、现象与结论

实验内容	实验现象	现象解释、结论与相关化学方程式(略)
1. Cl$^-$,Br$^-$,I$^-$ 的还原性 取 3 只干燥试管,分别加入 ①米粒大小的 NaCl 固体+0.5 mL 浓硫酸,pH 试纸检验放出的气体	pH 试纸变红	

续表

实验内容	实验现象	现象解释、结论与相关化学方程式（略）
②米粒大小的 KBr 固体＋0.5 mL 浓硫酸,用淀粉-碘化钾试纸检验放出的气体	试纸变蓝,有刺激性气体产生	
③米粒大小的 KI 晶体＋0.5 mL 浓硫酸,醋酸铅试纸检验放出的气体	醋酸铅试纸变黑	

四、思考题(略)

三、化学实验室的工作守则

(1)化学实验室是开展实验教学和科学研究的重要场所,贮存有各种仪器和化学药品,进入实验室必须严格遵守实验室各项规章制度和操作规程,注意安全,做到防患于未然。

(2)实验前必须认真预习,明确实验目的、步骤和方法,了解仪器设备的操作和实验物品的特性,认真听取指导教师讲解,经指导教师同意后才能进行实验。

(3)实验时认真观察,严格遵守操作规程,如实记录各种实验数据,养成独立思考的习惯,努力提高自己分析问题和实际动手的能力。

(4)及时整理实验数据记录,不得任意修改实验数据,认真分析问题,按要求独立写出实验报告。

(5)保持实验室内的整洁、安静,不得迟到或早退,严禁喧闹、吸烟和吃东西,不做与实验无关的事,不动与实验无关的设备,不进入与实验无关的场所。如有违犯,指导教师有权停止其实验。

(6)按照要求合理放置实验仪器,使用时不能违章操作,使用后及时归位。

(7)爱护实验仪器,节约水、电、药品和试剂。实验中,如发现仪器设备损坏或发生不正常现象时,应及时报告指导教师,查明原因。凡属违反操作规程导致设备损坏的,要追究责任,照章赔偿。精密仪器使用后要登记使用情况,并经指导教师认可。

(8)凡是与剧毒、易燃、易爆、腐蚀性强等危险物品及有害菌、有害气体有关的实验,必须在教师的指导下严格遵守操作规程。在实验过程中如出现事故,应立即切断相应的电源、气源等,并听从指导教师的指挥,要沉着冷静,不要惊慌失措。

(9)实验结束后,应自觉整理好实验仪器设备、药品和台面,废纸、废液等倒入废物桶中。做好清洁工作,关闭电、水、气的开关和门、窗等,经指导教师或实验技术人员检查后方可离开实验室。

(10)对因违反实验室规章制度和使用操作规程而造成事故和损失的,视其情节的轻重对责任者按章处理。

四、实验室安全知识和事故处理方法

在进行化学实验时,要严格遵守关于水、电、煤气和仪器、药品的使用规定,否则,不但会造成实验的失败,还可能发生事故。化学药品中,很多是易燃的、易爆的、有腐蚀性和有毒的。所以,在化学实验中,务必重视安全问题,切勿麻痹大意。实验者熟悉一些安全知识和事故处理方法是非常有必要的。

1. 实验室安全知识

(1)绝对不允许随意混合化学药品,以免发生意外事故。

(2)浓酸、浓碱具有强腐蚀性,使用时要特别小心,不要溅到皮肤或衣服上,尤其要注意保护眼睛。稀释酸、碱时(特别是浓硫酸),应将它们慢慢倒入水中,切不可颠倒顺序,以避免迸溅。

(3)不纯氢气遇火易爆炸,操作时必须严禁接近明火。点燃氢气前,必须先检查氢气的纯度。

(4)银氨溶液不能留存,久置后会变成氮化银而发生爆炸,用剩的银氨溶液要酸化后回收。

(5)某些强氧化剂(如氯酸钾、高氯酸、过氧化钠、硝酸钾、高锰酸钾)或其混合物(如氯酸钾与红磷、碳、硫等的混合物)不能研磨或撞击,否则易引起爆炸。

(6)金属钾、钠暴露在空气中或与水接触易燃烧,应保存在煤油中,用镊子取用。

(7)白磷有剧毒,并能灼伤皮肤,切勿与人体接触。白磷在空气中易自燃,应保存在水中,取用时要在水下进行切割,用镊子夹取。

(8)有机溶剂(乙醇、乙醚、苯、丙酮等)易燃,使用时一定要远离明火,用后立即盖紧瓶塞并放置阴凉处。

(9)能产生有毒或有刺激性气味气体(如氟化氢、硫化氢、氯气、一氧化碳、二氧化碳、二氧化氮、二氧化硫和溴等)的实验,要在通风橱中进行。

(10)嗅闻气体时,用手轻拂气体,把少量气体扇向自己的鼻孔,绝不能将鼻孔直接对着瓶口。

(11)有毒药品(如氰化物、可溶性汞盐、铬(Ⅵ)的化合物、砷盐、钡盐、铅盐、镉盐、锑盐)不得进入口内或接触伤口,其废液也不能倒入下水道,应集中统一处理。

(12)金属汞易挥发,在人体内会累积起来引起慢性中毒。一旦打破水银温度计或把汞洒落,必须尽快处理。可用普通滴管将汞珠吸起收集在容器中,桌面(或地面)上分散成细小微粒的汞,可用胶带纸粘附起来,收集起来的汞先浸入水下保存,待后续统一处理。

2. 事故处理方法

(1)割伤:先用消毒棉棒把伤口清理干净,涂抹红药水,如有玻璃碎片需小心挑出,然后涂上红药水等抗菌药物消炎并包扎。若伤口较深,先止血,然后立即送医院。

(2)烫伤:不要用水冲洗烫伤口。可涂擦饱和碳酸氢钠溶液或将碳酸氢钠粉调成糊状敷于伤处,也可抹上獾油或烫伤膏。

(3)被酸腐蚀:先用大量水冲洗,以免深度烧伤,再用饱和碳酸氢钠溶液或稀氨水洗,最后用水冲洗。如果酸溅入眼内也用此法,但碳酸氢钠溶液浓度改用1%,且禁用稀氨水。

(4)被碱腐蚀:先用大量水冲洗,再用2%醋酸溶液洗,最后用水冲洗。如果碱溅入眼内,先用大量水冲洗,再用1%硼酸溶液洗,最后用水冲洗。

(5)被溴灼伤:用苯或甘油洗,再水洗。

(6)被白磷灼伤:用1%硝酸银溶液、1%硫酸铜溶液或浓高锰酸钾溶液洗后进行包扎。

(7)吸入刺激性气体:若吸入氯气、氯化氢气体时,可吸入少量乙醇和乙醚的混合蒸气解毒。若吸入硫化氢或一氧化碳气体而感到不适时,应立即到室外呼吸新鲜空气。

(8)毒物进入口内:将5~10 mL质量分数为5%的稀硫酸铜溶液加入一杯温水中,内服后,用手指伸入咽喉部,促使呕吐,吐出毒物,然后立即送医院治疗。

(9)触电:首先切断电源,必要时进行人工呼吸。

(10)起火:起火后,不要慌张,应立即一面灭火,一面防止火势蔓延(如采取切断电源、停止加热、停止通风、移走易燃药品等措施)。一般的小火可用湿布、石棉布或沙子覆盖在燃烧物上,即可灭火。火势大时可使用泡沫灭火器。但电器设备引起的火灾,不能用泡沫灭火器,以免触电,只能用四氯化碳或二氧化碳灭火器灭火。因某些化学药品(如金属钠)和水反应引起的火灾,应用砂土灭火。实验人员衣服着火时,切勿惊慌乱跑,赶快脱下衣服,或用石棉布覆盖着火处,也可就地打滚。常用灭火器种类及其适用范围见表1-4。

(11)伤势较重者,应立即送医院。

表 1-4　常用灭火器种类及其适用范围

灭火器类型	药液成分	适用范围
酸碱灭火器	H_2SO_4 和 $NaHCO_3$	非油类,非电器的一般火灾
泡沫灭火器	$Al_2(SO_4)_3$ 和 $NaHCO_3$	油类起火。由于泡沫能导电,不能用于扑灭电器设备的着火。火灾后现场清理较麻烦
四氯化碳灭火器	CCl_4	电器设备,小范围汽油、丙酮等着火。不能用于扑灭活泼金属钾、钠的着火,因为 CCl_4 会强烈分解,甚至爆炸;电石、乙炔、CS_2 的失火,也不能使用它,因为会产生光气一类的毒气
1211 灭火器	CF_2ClBr	油类、有机溶剂、精密仪器、高压电器设备着火
二氧化碳灭火器	液体 CO_2	电器设备,小范围的油类及忌水的化学药品的着火
干粉灭火器	主要成分是碳酸氢钠等盐类物质与适宜的润滑剂和防潮剂	油类、电器设备、可燃性气体、精密仪器、图书文件和遇水易燃烧药品的初期着火

第二章　常用仪器及使用方法

一、常用玻璃器皿(表 2-1)

表 2-1　常用实验仪器

仪器名称及图形	主要用途	使用方法及注意事项
试管	用作少量试剂的溶解或反应的仪器	普通试管:(1)可直接加热;(2)加热固体时,管口略向下倾斜,固体平铺在管底;(3)加热液体时,液体量不超过容积的 1/3,管口向上倾斜,与桌面成 45°,切忌管口向着人
离心管	离心试管用作沉淀分离	离心试管只能水浴加热
坩埚	用于高温灼烧固体试剂并适于称量	可在泥三角上直接加热,不能骤冷或溅水,冷却时应放在干燥器中
烧杯	配制、浓缩、稀释、盛装、加热溶液,也可作反应容器、水浴加热器	加热时放置在石棉网上,外壁要擦干,加热液体时液体量不超过容积的 1/2,不可蒸干,反应时液体不超过 2/3,溶解时要用玻璃棒轻轻搅拌
锥形瓶	滴定中的反应器,也可收集液体,组装洗气瓶	加热时放置在石棉网上

续表

仪器名称	主要用途	使用方法及注意事项
集气瓶	收集贮存少量气体,装配洗气瓶、气体反应器,用作固体在气体中燃烧的容器	不能加热,做固体在气体中燃烧的容器时,要在瓶底加少量水或一层细沙。瓶口磨砂(与广口瓶瓶颈磨砂相区别),用磨砂玻璃片封口
试剂瓶	放置试剂用,可分广口瓶和细口瓶。广口瓶用于盛放固体药品(粉末或碎块状);细口瓶用于盛放液体药品	都是磨口并配有玻璃塞。有无色和棕色两种,见光分解需避光保存的试剂一般使用棕色瓶。盛放强碱固体和溶液时,不能用玻璃塞,需用胶塞和软木塞。试剂瓶不能用于配制溶液,也不能用作反应器,不能加热。瓶塞不可互换
滴瓶	盛放少量液体试剂的容器	滴瓶口为磨口,不能盛放碱液。有无色和棕色两种,见光分解需避光保存的试剂(如硝酸银溶液)应盛放在棕色瓶内。酸和其他能腐蚀橡胶制品的液体(如液溴)不宜长期盛放在瓶内
启普发生器	不溶性块状固体与液体常温下制取不易溶于水的气体	控制导气管活塞可使反应随时发生或停止,不能加热,不能用于强烈放热或反应剧烈的气体制备。若产生的气体是易燃易爆的,在收集或者在导管口点燃前,必须检验气体的纯度
酸式滴定管 碱式滴定管	滴定反应	酸式滴定管盛酸性、氧化性溶液,碱式滴定管盛碱性、非氧化性溶液,二者不能互代
量筒	量取液体体积	不能在量筒内配制溶液或进行化学反应,不可加热

续表

仪器名称	主要用途	使用方法及注意事项
容量瓶	用于准确配置一定物质的量浓度的溶液	用前检查是否漏水,要在所标温度下使用,加液体用玻璃棒引流。定容时凹液面与刻度线相切,不可直接溶解溶质,不能长期存放溶液,不能加热或配制热溶液
温度计	测定温度	使用温度计时要注意其量程,注意水银球部位(玻璃极薄,传热快)不要碰着器壁,以防碎裂,水银球放置的位置要合适
普通漏斗	过滤或向小口径容器注入液体	不能用火加热,过滤时应"一贴二低三靠"
分液漏斗	用于分离密度不同且互不相溶的液体	使用前先检查是否漏液。分液时下层液体自下口放出,上层液体从上口倒出,放液时打开上盖或将塞上的凹槽对准上口小孔
干燥管	常与气体发生器一起配合使用,内装块状固体干燥剂,用于干燥或吸收某些气体	欲收集干燥的气体,使用时其大口一端与气体输送管相连。球部充满粒状干燥剂,如无水氯化钙和碱石灰等
洗气瓶	内装液体吸收剂,用于吸收净化气体	不能加热
干燥塔	内装块状固体干燥剂,用于干燥或吸收某些气体	不能加热

续表

仪器名称	主要用途	使用方法及注意事项
U 形管	可用作干燥器、电解的实验容器、洗气或吸收气体的装置	内装粒状干燥剂,两边管口连接导气管;也可用作电解的实验容器,内装电解液,两边管口内插入电极
干燥器	用于存放需要保持干燥物品的容器	待药品冷却后再将坩埚放入干燥器中。干燥器盖子与磨口边缘处涂一层凡士林,防止漏气。干燥剂要适时更换。开盖时,要一手扶住干燥器,一手握住盖柄,平推
酒精灯	做热源	酒精不能超过容积的 2/3,不能少于 1/4,加热用外焰,熄灭用灯帽盖灭,并重复一次,不能用嘴吹
蒸发皿	用于蒸发溶剂,浓缩溶液	可直接加热或加石棉网加热,以及用水浴、沙浴等加热。不能骤冷,蒸发溶液时不能超过 2/3
表面皿	盖在烧杯上,防止液体迸溅或他用	不能直接加热
称量瓶	差减法称量固体样品	不能直接加热,瓶盖配套不可互换
布氏漏斗和抽滤瓶	用于减压过滤	不能直接加热

续表

仪器名称	主要用途	使用方法及注意事项
药匙	用于取固体药品	药匙用毕,需洗净,用滤纸吸干后,再取另一种药品
坩埚钳	夹持坩埚和坩埚盖的钳子	当夹持热坩埚时,先将钳头预热,避免瓷坩埚骤冷而炸裂;夹持瓷坩埚或石英坩埚等质脆易破裂的坩埚时,既要轻夹又要夹牢
试管夹	用于夹持试管进行简单加热的实验	夹持试管时,试管夹应从试管底部套入,夹于距试管口 2～3 cm 处
研钵	用于研磨固体物质,使之成为粉末状。有玻璃、白瓷、玛瑙或铁制研钵	不能加热,研磨时不能用力过猛或锤击。如果要制成混合物粉末,应将组分分别研磨后再混合,如二氧化锰和氯酸钾,应分别研磨后再混合,以防发生反应

二、酸度计的使用方法

酸度计(亦称 pH 计)是实验室用来测量溶液 pH 值的常用仪器。型号较多,结构也各异,但它们的测量原理相同。酸度计有刻度指针显示和数字显示两种。

(一)基本原理

酸度计主要由参比电极、指示电极和精密电位差计三部分组成。测量时用玻璃电极做指示电极,饱和甘汞电极(SCE)做参比电极,组成原电池。它除测量溶液的酸度外,还可以测量电池电动势(mV)。

由于甘汞电极的电极电位不随溶液 pH 值的变化而变化,在一定温度下是定值。而玻璃电极的电极电位随溶液 pH 值的变化而改变,所以它们组成的电池电动势也只随溶液 pH 值的变化而变化。

玻璃电极由 Ag-AgCl 电极、盐酸和特制的球形玻璃膜构成。将它插入待测溶液,其电极电位与溶液 pH 值有下列关系:

$$\varphi_G = \varphi_G^\ominus - \frac{2.303RT}{F}\text{pH}$$

式中,$\varphi_G^\ominus$ 为玻璃电极标准电位,R 为气体常数,T 为开尔文温度,F 为法拉第常数。

饱和甘汞电极(SCE)由汞、甘汞糊、饱和 KCl 溶液构成。一定温度下,饱和 KCl 溶液的浓度为定值,故饱和甘汞电极 φ_{SCE} 为定值,298K 时为0.241 2 V。将玻璃电极和饱和甘汞电极插入溶液组成原电池,电池的电动势为:

$$E = \varphi_{SCE} - \varphi_G = \varphi_{SCE} - \varphi_G^{\ominus} + \frac{2.303RT}{F}pH$$

由上式可知,E 与 pH 呈线性关系。只要测得 E 便可求得 pH。

(二)酸度计的使用方法

目前,实验室常用的酸度计有指针式和数显式两种,如图 2-1 和 2-2 所示。

不同型号酸度计的使用方法略有差异,以 pHS-2C 型酸度计为例,介绍其使用方法:

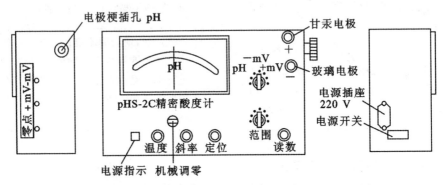

图 2-1 指针式酸度计面板调节旋钮位置示意图(pHS-2C 型)

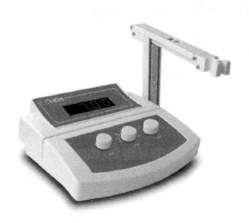

图 2-2 数显式酸度计

pH 计的使用

复合电极的使用

(1)仪器和电极的安装:①使用 220 V 交流电,将电源的插头小心插到电源插口内,将复合电极的插头插到电极插口内,并夹在电极夹子上。②若使用的电极是玻璃电极和甘汞电极,则玻璃电极插到电极插口内,甘汞电极(参比电极)引线接在线柱上。③电极在使用前要按要求浸泡数小时,且不使用时要注意保护电极头。

(2)仪器的校正(二点校正方法):①开启仪器电源开关预热 30 min 后进行仪器的校正和测量。②将仪器面板上的"选择"开关置"pH"挡,"范围"开关置"6"挡,"斜率"旋钮顺时针旋到底(100％处),"温度"旋钮置标准缓冲溶液的温度。③用蒸馏水将电极冲洗干净,用滤纸吸干,将电极放入盛有中性标准缓冲溶液的烧杯内,按下"读数"开关,调节"定位"旋钮,使仪器指示值为此溶液温度下的标准 pH 值。④把电极从中性标准缓冲溶液中取出,用蒸馏水冲洗干净,用滤纸吸干。根据要测 pH 值的样品溶液是酸性或碱性来选择标准缓冲溶液。把电极放入标准缓冲溶液中,把仪器的"范围"置"4"挡或放置"8"挡,按下"读数"开关,调节"斜率"旋钮,使仪器指示值为该标准缓冲溶液在此溶液温度下的 pH 值,然后放开"读数"开关。⑤按第③条的方法再测中性的标准缓冲溶液,但注意此时应将"斜率"旋钮维持不动,再按第④条操作后,若位置不变,则可认为此时仪器已校正完毕,可以进行样品的测量。⑥pH 校正以后,绝对不能再旋动"定位"、"斜率"旋钮,否则必须重新进行仪器 pH 校正。一般情况下,一天进行一次pH 校正已能满足常规 pH 测量的精度要求。

(3)样品溶液 pH 值的测量:①先清洗电极,并用滤纸吸干,将电极放入被测溶液中。②仪器的"范围"开关置于此样品溶液的 pH 值挡上,按下"读数"开关。如表针打出左面刻度线,则应减少"范围"开关值,如表针打出右面刻度线,则应增加"范围"的开关值,直至表针在刻度上,测得溶液的 pH 值。

(4)仪器的维护与注意事项:①仪器的输入端(包括玻璃电极插座与插头)必须保持干燥清洁。②新玻璃电极或长期干储存的电极,在使用前应在 pH 浸泡液中浸泡 24 h 后才能使用(pH 浸泡液的配制方法:用 pH 为 4.00 缓冲剂,定量溶于纯水中,再加入 56 g 分析纯 KCl,加热,搅拌至完全溶解即成)。③使用复合电极时,溶液一定要超过电极头部的陶瓷孔,电极头部若被玷污可用医用棉花轻擦。④忌用浓硫酸或铬酸洗液洗涤电极的敏感部分,不可在无水或脱水的液体中浸泡电极,不可在碱性或氟化物的体系、黏土及其他胶体溶液中放置时间过长,以致响应迟钝。⑤常温电极一般在 5℃～60℃使用,如果在低于 5℃或高于60℃时使用,应分别选用特殊的低温电极或高温电极。

三、分光光度计的使用方法

(一)工作原理

分光光度计是一种利用物质分子对不同波长的光具有吸收特性而进行定性或定量分析的光学仪器。它主要由光源、分光器、吸收池、检测系统和记录系统五个部分构成。其中，光源提供强度较高、辐射能量稳定的连续光谱。在紫外光测定中采用氢灯和氘灯做光源，而在可见光测定中，用钨灯做光源。分光器是分光光度计的核心，其功能在于将光源发出的连续光谱分解为单色光。吸收池是用于盛待测溶液的装置，

分光光度计
的使用

其制备材料需根据测试是紫外光区还是可见光区而分别选用石英或光学玻璃。检测器用于检测光信号，并将光信号转变为电信号，最后由记录器记录或直接由数码管显示出透光度或吸光度。

分光光度计的定性分析是通过对待检测物质进行一定波段范围的扫描，然后以波长为横坐标，吸光度为纵坐标，绘制样品的吸收光谱，显示其在不同波长处的吸光能力。由于物质吸收光谱的形状与它的内部结构紧密相关。因此，将所得吸收光谱与标准物的吸收光谱进行比对，进而实现对样品的定性分析。

分光光度计的定量分析同样以物质对光有选择性吸收为基础，而且当入射光波长一定时，物质吸光度(A)与溶液的浓度和液层的厚度关系符合朗伯-比尔定律，即

$$A = \varepsilon bc$$

式中，c 为溶液浓度($mol \cdot dm^{-3}$)；b 为液层厚度(cm)；ε 为摩尔吸收系数($L \cdot mol^{-1} \cdot cm^{-1}$)。于是，通过确定吸收池的规格来固定液层的厚度，并配制一系列适当浓度的标准溶液，按照与被测组分相同的条件显色后，在选定波长下测定其吸光度，然后以吸光度对被测组分浓度作图，便得到工作曲线。测得待测组分的吸光度后，查图或通过拟合方程计算而获得待测组分的浓度。

(二)测量条件的选择

适宜测量条件的选择是实现准确测定的重要基础，主要包括以下几个方面。

1. 入射光波长的选择

由于最大吸收波长处所对应的 ε 最大，测定灵敏度最高，所以一般根据待测组分的吸收光谱，参考最大吸收波长选择入射光波长。若最大吸收波长处有共存离子干扰或最大吸收波长不在仪器的可测波长范围内，此时可选用 ε 随波长改变而变化不大的范围内的某一波长作为入射光波长。

2. 吸光度范围的选择

普遍认为,测定吸光度应控制在 0.2~0.8,此时的吸光度测定误差最小。因此,应把待测组分浓度通过稀释或选择合适的吸收池来调节待测溶液的吸光度。

3. 显色反应条件的选择

无机金属离子的测定往往要加入显色剂生成有色物质,然后进行吸收光谱测定。此时,显色剂的用量、显色时间以及溶液的酸度和温度等都需要严格控制。

4. 共存离子干扰的消除

其他共存离子本身带有颜色或与显色剂发生显色反应等都将对测定产生误差。这时,往往通过加入适当的掩蔽剂、改变干扰离子的状态、选择适当的波长以及选择合适的分离方法等手段消除共存离子的干扰。

另外,吸收池对入射光的反射以及池内试剂和共存组分对入射光的吸收等都会造成透射光强度的减弱。所以,为了使光强度的变化仅与溶液中待测物质的浓度有关,采用参比溶液对上述影响进行校正是非常重要的。当然,尽量选用光学性质相同、厚度相同的吸收池来盛放待测溶液和参比溶液也是非常重要的。

(三)仪器使用的注意事项

(1)比色皿在测试前应用待测液润洗几次,以免待测液被改变。测试后应及时清洗。有色物质被污染时,建议用 3 mol·dm^{-3}盐酸和等体积的乙醇混合溶液洗涤,再用去离子水冲洗。透光面要小心保护,不得用手接触,只能用镜头纸或脱脂棉轻轻擦拭。不同仪器的吸收池不要混用,以免引起误差。比色皿装液不宜太满,待测液量为比色皿的 4/5 即可。

(2)使用仪器时,注意每改变一次波长,都要用参比溶液校正,即吸光度为零、透光率为 100%。

(3)为了延长光源的寿命,应尽量减少开关次数,而且刚关闭的光源不宜立即重新开启。仪器连续使用的时间以不超过 3 h 为宜,若需长时间使用,期间最好间歇 30 min。

(4)仪器应注意防潮、防震、防尘、防腐蚀性气体等。

(四)几种型号分光光度计的使用方法

1. 721 型分光光度计的操作步骤

(1)接通电源,打开仪器开关,掀开样品室暗箱盖,预热 20 min。

(2)将灵敏度开关调至 1 挡(若零点调节器调不到 0 时,需选用较高挡)。

(3)根据所需波长转动波长选择钮,将空白液及测定液分别倒入比色皿,用擦镜纸擦清外壁,放入样品室内,使空白液对准光路。

(4)在暗箱盖开启状态下调节零点调节器,使读数盘指针指向 $T=0$ 处。

(5)盖上暗箱盖,调节 100 调节器,使空白液的 $T=100$,指针稳定后逐步拉出样品滑竿,分别读出测定液的吸光度,并记录。

(6)测量完毕,关上电源,取出比色皿洗净,样品室用软布或软纸擦净。

2. 722 型分光光度计的操作步骤

(1)接通电源,预热 20 min。

(2)将灵敏度旋钮调至 1 挡,选择开关置于 T,选择入射光的波长。

(3)放入参比液,打开试样盖,调节 0 旋钮,显示 00.0。

(4)盖上试样盖,调节 100%,显示 100.0。

(5)选择开关置 A,旋动吸光度调零旋钮,显示 .000。

(6)若调不到 100.0,可加大一挡灵敏度旋钮,重新校正 T 的 0 和 100% 以及 A 的 .000。

(7)置于 A 挡,放入被测液,移入光路,显示吸光度值。

3. 7230 型分光光度计的操作步骤

(1)接通电源,预热 20 min,选择入射光波长。

(2)将参比试样和待测试样放入样品池内,并盖上样品池盖。

(3)将参比试样推入光路,按 MODE 键,显示乙(T)状态或 A 状态。

(4)按 100%乙键,显示 T100.0 或 A0.000。

(5)打开样品池盖,按 0%乙键,显示 T0.0 或 A E1。

(6)盖上样品池盖,按 100%乙键,显示 T100.0。

(7)将待测试样推入光路,显示试样的乙(T)或 A 值。

4. 752 型分光光度计的操作步骤

(1)将灵敏度旋钮调至 1 挡。

(2)接通电源,根据需要入射光波长范围,点亮钨灯(330～850 nm)或(220～330 nm)。预热 30 min。选择入射光波长。

(3)选择开关置于 T 上,关上样品池盖调 100.0,打开样品池盖调 0。如调不到,应尝试增大灵敏度的挡数。重复上述操作两次以上。选择开关置于 A 上,如不显示为 000.0,可调节消光零显示为 000.0 后再置于 T 上重复上述步骤。

(4)将参比溶液比色皿置于光路中,重复上述步骤。

(5)根据需要,选择开关 A 或 T。将待测液推入光路测定,显示值即为试样的 A 值或 T 值。

四、恒温干燥箱和恒温水浴箱的使用方法

(一)电热恒温干燥箱的使用方法

1. 构造

电热恒温干燥箱俗称烘箱或烤箱,主要由箱体、电热器和温度控制器三部分组成,其外形如图2-3。

(1)箱体:箱体由箱壳、箱门、恒温室、进气孔、排气孔和侧室组成。箱壳用薄铁(钢)板制成,箱壁一般分为三层,三层板之间形成内外两个夹层。外夹层中大多填充玻璃纤维或石棉等隔热材料;内夹层作为空气对流层。烤箱的箱门均为双层门,内门为玻璃门,用于在减少热量散失的情况下观察所烘烤物品。外门作用为隔热保温。恒温室内一般有 2~3 层网状搁架,用于放置物品。

图2-3　电热恒温干燥箱

温度控制器的感温部分从左侧壁的上部伸入恒温室内,底部夹层中装有电热丝,在箱体的底部或侧面和顶部各有一进、排气孔,在排气孔中央插入一支温度计,用以指示箱内的温度。侧室一般设在箱体的左边,与恒温室隔热隔开,除了电热丝外的所有电器元件,如开关、指示灯、温度控制器、鼓风机等均要安装在侧室内,以方便检修电路。

(2)电热丝:电热恒温干燥箱的电热丝通常由四根并联而成,与普通电炉相似,电热丝均匀地盘绕在耐火材料烧成的绝缘板上,电热丝的总功率一般在 1~8 kW。

(3)温度控制器:干燥箱内的温度是由温度控制器控制的,其基本原理是当恒温箱内的温度超过所需温度时,温度调节器就使电路中断,加热自动停止;当温度低于所需温度时,电路又恢复,温度即上升。

2. 使用方法

(1)将物品放进箱内后,将玻璃门与外门关上,并将箱顶上的风顶活门适当旋开。

(2)打开电源和风机开关。

(3)调节器旋转旋钮顺时针方向转动至所需设定温度。红色指示灯亮,表示加热,待红灯灭,绿灯亮,表示加热停止。视箱顶温度计温度的高低将调节器反复调整至所需温度。

3. 注意事项和维修原理

(1)使用前必须注意所用电源电压是否相符,使用时,按接线指示牌所指示的相线,正确接中线,并将外壳上的接地标志按规定有效接地。

(2)在通电使用时,切忌用手触及箱左侧空间的电器部分或用湿布揩抹及用水冲洗,检修时应将电源切断。

(3)电源线不可缠绕在金属丝上,不可放置在高温或潮湿的地方,防止橡胶老化以致漏电。

(4)放置箱内物品时切勿过挤,必须留出空气自然对流的空间,使潮湿的空气能在箱顶活门加速逸出。

(5)应定期检查温度调节器之接触点是否发毛或不平,如有发毛或不平,可用细砂布将触头砂平后再使用,并应经常用清洁布擦净,使之接触良好(注意必须切断电源)。室内温度调节器的金属管切勿撞击以免影响灵敏度。

(6)干燥箱无防爆装置,请勿放易燃物品。

(7)每次使用完后,应将电源全部切断,经常保持箱内外的清洁。

(二)电热恒温水浴箱的使用方法

电热恒温水浴箱一般为金属制的长方形箱,分为单列二孔(如图 2-4 所示)、双列四孔、双列六孔等。箱体为两层壁结构,外壳用薄钢板,内壁用铜皮制成,夹层中充以隔热材料以防止散热。箱内盛水,用电热维持温度,通常可自 37℃调节至 100℃。

图 2-4   电热恒温水浴箱

1. 使用方法

(1)使用前,必须向箱体内加入适量的水,水量视使用情况而定,但最低水位必须高于隔板 2 cm 以上。

(2)接通电源,打开电源开关,黄色指示灯亮表示电源接通。

(3)旋转温度调节旋钮,黄色指示灯亮,表示开始加热。当温度计上所显示的温度达到所需要的温度时,将温度调节旋钮调整在黄、绿指示灯交替亮熄的位置,此时黄灯表示加热,绿灯表示恒温,进入自动恒温状态。

2.注意事项

(1)电源电压必须与产品要求的电压相符,电源插座必须良好接地。

(2)注水时不可将水流入机箱内,以防发生触电。

(3)使用时要放上隔板,加好水,再接通电源。不能干烧。

(4)用后及时将水放掉,并擦干净,保持干燥、清洁。

五、离心机的使用方法

(一)工作原理

离心分离就是利用离心机转子高速旋转产生的强大的离心力,加快液体中颗粒的沉降速度,把样品中不同沉降系数和浮力密度的物质分离开。

离心分离法

(二)使用方法

(1)离心机应放置在水平坚固的地板或平台上,并力求使仪器处于水平位置,以免离心时造成仪器振荡。

(2)打开电源开关,将预先平衡好的样品对称放置于样品架上,关闭机盖。

(3)旋动定时旋钮设定离心时间,缓慢旋转转速调节旋钮使仪器转速达到预定要求。

(4)离心完毕后,将转速调节旋钮调回零位,关闭电源开关。

(5)待离心机完全停止转动时打开机盖,取出离心样品,再关闭机盖。

(三)维护保养

(1)离心室的清洁:为了避免样品等残留物的污染,应经常对离心机外壳和离心室进行清洁处理。对离心室清洁,应先打开离心机盖,拔掉电源线,用专用设备将离心机转头旋下,再用75%乙醇清洁离心室。

(2)转头的清洁:转头会被样本残留物污染,也可能会被某些化学试剂腐蚀,因此应对转头每月进行清洁维护。

(四)注意事项

(1)离心机应始终处于水平位置,接电压匹配的电源,并要求有良好的接地线,检查机腔有无异物。

(2)样品放置以"平衡对称"为原则。

(3)离心机在转动时严禁打开机盖,防止离心管因振动而破裂后,玻璃碎片旋转飞出,造成事故。

(4)挥发性或腐蚀性液体离心时,应使用带盖的离心管,并确保液体不外漏以免侵蚀机腔或造成事故。

(5)离心过程中若发现异常现象,应立即关闭电源,报请有关技术人员检修。

六、台秤与电子天平的使用方法

物质的称量是基础化学实验最基本的操作之一,合理的使用称量仪器、准确称量是实验取得成功的有利保证,对于称量精度要求不高的情况,可选用台秤和低精度的电子天平,对于分析实验等要求高精度称量的情况,需使用电子分析天平。

(一)台秤

台秤又称托盘天平,是化学实验室中常用的称量仪器,用于称量精度要求不高的情况,一般能准确到 0.1 g。

台秤的构造如图 2-5 所示。台秤的横梁架在台秤座上。横梁的左右有两个托盘。横梁的中部有指针与刻度盘相对,根据指针在刻度盘左右摆动的情况,可以判断台秤是否处于平衡状态。

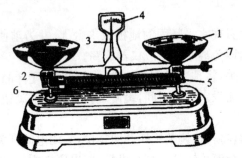

1—托盘;2—平衡螺母;3—指针;4—刻度盘;5—游码;6—标尺
图 2-5　台秤结构示意图

(1)调零点:称量前应先将游码拨至标尺的"0"线,观察指针在刻度盘中心线附近的摆动情况。若等距离摆动,则表示台秤可以使用,否则应调节托盘下面的平衡调节螺丝,直到指针在中心线左右等距离的摆动,或停在中心线上为止。

(2)称量:称量时,左盘放称量物,被称量物不能直接放在托盘上,依其性质放在纸上、表面皿或其他容器里。10 g(或 5 g)以上的砝码放在右盘中,10 g(或 5 g)以下则用移动标尺上的游码来调节。砝码与游码所示的总质量就是被称量物的质量。

台秤不能称量热的物质,称量完毕后,台秤与砝码要恢复原状,要保持台秤清洁。

(二)电子天平

人们把用电磁力平衡被称物体重力的天平称为电子天平。它可以自动调零,自动校准,自动扣除空白和自动显示称量结果。由于其称量方便、迅速、准确可靠,已经逐渐进入化学实验室为教学和科研所用。

1. 电子天平的分类

如按电子天平的精度划分,电子天平可分为几种:

(1)超微量电子天平:超微量电子天平的最大秤量是 2~5 g,其标尺分度值小于秤量的 10^{-6}。目前,精度最高的超微量电子天平,是德国(原西德)赛多利斯工厂制造的亿分之一克,也就是 0.000 000 01 g(0.01 μg)精度的天平。

(2)微量天平:微量天平的秤量一般在 3~50 g。其分度值小于秤量的 10^{-5}。

(3)半微量天平:半微量电子天平的秤量一般在 20~100 g,其分度值小于秤量的 10^{-5}。

(4)常量电子天平:此种天平的最大秤量一般在 100~200 g,其分度值小于称量的 10^{-5}。

(5)电子分析天平是常量天平、半微量天平、微量天平和超微量天平的总称。

2. 电子天平的使用方法

(1)轻按天平面板上的开关键,待天平自检完成后,表示天平已稳定,进入准备称量状态。

(2)打开天平侧门,将样品放在物品托盘上(化学物品不能直接接触托盘),关闭天平侧门,待电子显示屏上闪动的数字稳定下来,读取数字,即为样品称量值。

减量称量法

(3)连续称量功能:当称量了第一个样品以后,再轻按控制键,电子显示屏上又重新返回 0.000 0 g,表示天平准备称量第二个样品。重复操作(2),即可直接读取第二个样品的质量。

3. 电子天平的维护与保养

(1)将天平置于稳定的工作台上,避免振动、气流及阳光照射。

(2)在使用前调整水平仪气泡至中间位置。

(3)电子天平应按说明书的要求进行预热。

(4)称量易挥发和具有腐蚀性的物品时,要盛放在密闭的容器中,以免腐蚀和损坏电子天平。

干燥器的使用

(5)经常对电子天平进行自校或定期外校,保证其处于最佳状态。

(6)如果电子天平出现故障应及时检修,不可带"病"工作。

(7)天平不可过载使用,以免损坏天平。

(8)若长期不用电子天平时应妥善收藏。

4. 称量样品的方法

(1)直接称量法:对于在空气中性质稳定、无吸湿性的样品,可用此法称量。

(2)间接称量法:在洗净、烘干的称量瓶中装入一些样品,在天平上准确称量,质量为 m_1。从称量瓶中倒出一部分样品于容器中(如图2-6),然后再准确称量,质量为 m_2,前后两次称量的质量之差 $m_1 - m_2$ 就是所取出样品的质量。

(3)称量规则:①工作天平必须处于完好待用状态。②不称过冷或过热物体,被称物质的温度应与天平箱内的温度一致。样品应盛在洁净的器皿中,必要时加盖。取放称量瓶时用纸条,不得徒手操作,要始终保持称量容器内外均是干

图 2-6 试样的倾倒

净的,以免玷污秤盘。要求称量器皿均放在干净的培养皿中。③同一个实验中,所有的称量应使用同一台天平,必须即刻准确地把称量的原始数据记录在报告本上。称量完毕,复原天平(即称量前天平的完好状态,将塑料罩罩好天平),并登记。④要保证天平室的整洁与安静,不必要的东西不得带入天平室。

七、比重计的使用方法

比重计是根据阿基米德定律和物体浮在液面上平衡的条件制成的,是测定液体密度的一种仪器。它由一根密闭的玻璃管制成,一端粗细均匀,内壁贴有刻度纸,另一端稍膨大呈泡状,泡里装有小铅粒或水银,使玻璃管能在被检测的液体中竖直地浸至足够的深度,并能稳定地浮在液体中,也就是当它受到任何摇动时,能自动地恢复成垂直的静止位置。当比重计浮在液体中时,其本身的重力跟它排开的液体的重力相等。于是在不同的液体中浸至不同的深度,所受到的压力不同,比重计就是利用这一关系标注刻度的。由于液体相对密度的不同,可选用不同量程的比重计。

通常比重计分为两种。一种是测量相对密度大于1的液体,称作重表;另一种是测量相对密度小于1的液体,称作轻表。

测量液体相对密度时,将被测液体注入量筒中,然后将清洁干燥的比重计慢慢放入液体中。在比重计浸入时,应该用手扶住比重计的上端,以免比重计在液体中上下沉浮和左右摇动与量筒壁接触而打破,待比重计静止,同时不与量筒壁相碰时,即可读数,读数时视线要与凹液面最低处相切。

测量完毕,要把比重计洗净,擦干,放回原盒内。比重计和测量相对密度的方法,如图2-7所示。

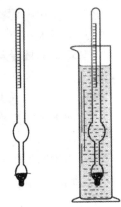

图 2-7 比重计

八、超声波清洗器的使用方法

超声波清洗器是利用超声波发生器所发出的高频振荡讯号,通过换能器转换成高频机械振荡而传播到介质——清洗溶液中。超声波在清洗液中疏密相间地向前辐射,使液体流动而产生数以万计的微小气泡,这些气泡在超声波纵向传播成的负压区形成、生长而在正压区迅速闭合。在这种被称之为"空化"效应的过程中气泡闭合,可形成超过 1 000 个大气压的瞬间高压,连续不断产生的高压就像一连串小"爆炸"不断地冲击物件表面,使物件表面及缝隙中的污垢迅速剥落,从而达到物件表面净化的目的。

将需清洗的物件放入清洗网架内或通过挂具悬吊在清洗液中,绝对不能将物件直接放入清洗槽底部,以免影响清洗效果和损坏仪器。清洗槽内按比例放入清洗剂,注入 30℃～40℃的水或水溶液,液位在 80 mm 左右,同时还将需加入的物件考虑进去。将超声波清洗器接入 220 V/50 Hz 的三芯电源插座(使用电源必须有接地装置)。根据产品的清洗要求,用时间定时器设置工作时间,这时绿色指示灯亮,定时器位置可在 1～20 min 任意调节,也可调到通常位置。一般清洗 10～20 min,对于难清洗的物件可适当延长清洗时间。清洗完毕后,从清洗槽内取出网架或挂具,并用温水喷洗或在另一个无溶剂的温水清洗槽内漂洗。之后进行热风干燥、存放、组装。

另外要注意:不得使用强酸、强碱等化学试剂;避免水溶液或其他有腐蚀性液体浸入清洗器内部;开启超声定时器,轴流风机必须运转,否则清洗器会因升温而被损坏;槽内无水或溶液时,不应开机工作。

九、电导率仪的使用方法

(一)基本原理

导体导电能力的大小,通常用电阻(R)或电导(G)表示。电导是电阻的倒数,关系为

$$G = \frac{1}{R} \tag{1}$$

电阻的单位是欧姆(Ω),电导的单位是西[门子](S)。

导体的电阻与导体的长度 l 成正比,与面积 A 成反比:

$$R \propto \frac{l}{A}$$

或

$$R = \rho \frac{l}{A} \tag{2}$$

式中,ρ 为电阻率,表示长度为 1 cm、截面积为 1 cm² 时的电阻,单位为 Ω·cm。

和金属导体一样,电解质水溶液体系也符合欧姆定律。当温度一定时,两极间溶液的电阻与两极间距离 l 成正比,与电极面积 A 成反比。对于电解质水溶液体系,常用电导和电导率来表示其导电能力:

$$G = \frac{1}{\rho} \cdot \frac{A}{l} \tag{3}$$

令
$$\frac{1}{\rho} = \kappa$$

则
$$G = \kappa \cdot \frac{A}{l} \tag{4}$$

式中,κ 是电阻率的倒数,称为电导率。它表示在相距 1 cm、面积为 1 cm² 的电极质之间溶液的电导,其单位为 S·cm⁻¹。

在电导池中,电极的距离和面积是一定的,所以对某一电极来说,$\frac{l}{A}$ 是常数,常称其为电极常数或电导池常数。

令
$$K = \frac{l}{A}$$

则
$$G = \kappa \cdot \frac{1}{K} \tag{5}$$

即
$$\kappa = G \cdot K \tag{6}$$

不同的电极,其电极常数 K 不同,因此测出同一溶液的电导 G 也就不同。通过(6)式换算成电导率 κ,由于 κ 的值与电极本身无关,因此用电导率可以比较溶液电导的大小。而电解质水溶液导电能力的大小正比于溶液中电解质含量。通过对电解质水溶液电导率的测量可以测定水溶液中电解质的含量。

(二)电导率仪的使用方法

DDS-11A 型电导率仪是常用的电导率测量仪器,它除了能测量一般液体的电导率外,还能测量高纯水的电导率,被广泛用于水质、水中含盐量、大气中 SO₂ 含量等的测定和电导滴定。

DDS-11A 型电导率仪的操作步骤:

(1)接通电源前观察表头指针是否指零,若有偏差调节表头下方凹孔,使其恰指零。

(2)接通电源,将仪器预热 10 min。

(3)将电极浸入被测溶液(或水)中,需确保极片被浸没,将电极插头插入插座。

(4)调节"常数"钮,使其与电极常数标值一致。如所用电极的常数为 0.98,

则把"常数"钮白线对准 0.98 刻度线。

（5）将"量程"置在合适的倍率挡上，若事先不知被测液体电导率的高低，可先置于较大的电导率挡，再逐挡下降，以防表头针被打弯。

（6）将"校正-测量"开关置于"校正"位，调"校正"电位器使表针指满度值 1.0。

（7）将"校正-测量"开关置于"测量"位，表针指示数乘以量程倍率即为溶液电导率。如测纯水时"量程"置于×0.1（红）挡，指示值为 0.56，则被测电导率为 $0.56 \times 0.1 = 0.056 (\mu S \cdot cm^{-1})(17.85\ M\Omega \cdot cm)$。将"量程"置 ×$10^2$ 挡，指示值为 0.5，则被测值为 $0.5 \times 10^2 = 50 (\mu S \cdot cm^{-1})$。

（8）"量程"置黑（B）点挡，则读数为表面上行刻度 0～1。"量程"置红（R）挡，则读数为下行刻度。

（9）当溶液电导率大于 $10^4\ \mu S \cdot cm^{-1}$（电阻少于 100 Ω），即高电导测量时，应使用 DJS-10 型电极，这时"常数"钮调在常数标称值 1/10 位置上。如所用电极常数为 10.4，使"常数"钮置 1.04，被测值＝指示数×倍率×10。

（10）本仪器可长时间连续使用，可将输出讯号接记录仪进行连续监测。

（三）注意事项

（1）低电导测量（电导率小于 100 $\mu S \cdot cm^{-1}$），如测量纯水、锅炉水、去离子水、矿泉水等水质的电导率时，选用 DJS-1C 光亮电极。

（2）测量一般溶液的电导率（30～3 000 $\mu S \cdot cm^{-1}$），采用 DJS-1C 铂黑电极。

（3）测量 3 000～$1 \times 10^4\ \mu S \cdot cm^{-1}$ 的高电导溶液时，应使用常数为 10 的铂黑电极。

第三章　基本知识和基本技能

一、玻璃仪器的洗涤与干燥

玻璃仪器的洗涤是实验前必须做的一项准备工作。玻璃仪器的洗涤是否符合要求，对检验结果的准确度和精密度均有影响。不同的实验工作有不同的仪器洗涤要求。

玻璃器皿的
洗涤和干燥

（一）洁净剂

1. 洁净剂的种类及使用范围

最常用的洁净剂是肥皂、肥皂液（特制商品）、洗衣粉、去污粉、洗涤液和有机溶剂等。

（1）烧杯、三角瓶、试剂瓶等仪器可用肥皂、肥皂液、洗衣粉、去污粉直接刷洗。

（2）洗涤液多用于不便用刷子洗刷的仪器，如滴定管、移液管、容量瓶、蒸馏器等特殊形状的仪器，也用于洗涤长久不用的杯皿器具和刷子刷不下的污垢。用洗涤液洗涤仪器，是利用洗涤液本身与污物起化学反应，将污物去除，因此需要浸泡一定的时间。

（3）有机溶剂是针对油腻性的污物，借助有机溶剂能溶解油脂的作用洗除之，或借助某些有机溶剂能与水混合而又挥发快的特殊性，冲洗带水的仪器。如甲苯、二甲苯、汽油等可以洗油垢，酒精、乙醚、丙酮可以冲洗刚洗净而带水的仪器。

2. 洗涤液的制备及使用注意事项

洗涤液简称洗液，根据不同的要求有不同的洗液。

（1）强酸氧化剂洗液：由重铬酸钾（$K_2Cr_2O_7$）和浓硫酸（H_2SO_4）配成。$K_2Cr_2O_7$在酸性溶液中，有很强的氧化能力，对玻璃仪器又极少有侵蚀作用，所以这种洗液在实验室内使用得最广泛。

配制的浓度范围一般为 $5\% \sim 12\%$。配制方法：取一定量的 $K_2Cr_2O_7$（工业品即可），先用 $1 \sim 2$ 倍的水加热溶解，稍冷后，将工业品浓 H_2SO_4 按所需的体积数徐徐加入 $K_2Cr_2O_7$ 水溶液中（千万不能将水或溶液加入 H_2SO_4 中），边倒边用玻璃棒搅拌,并注意不要溅出,混合均匀,稍冷却后,装入洗液瓶备用。新配制的洗液为红褐色,氧化能力很强。当洗液用久后变为黑绿色,即说明洗液已失去氧化洗涤能力。

在使用这种洗液时要注意不能溅到身上;将洗液倒入要洗的仪器后,应先浸洗仪器周壁,稍停一会再倒回洗液瓶;第一次用少量水冲洗刚浸洗过的仪器后,废水应倒在废液缸中。

(2)碱性洗液:用于洗涤有油污物的仪器,用此洗液是采用长时间(24 h以上)浸泡法,或者浸煮法。从碱洗液中捞取仪器时,要戴乳胶手套,以免烧伤皮肤。

常用的碱性洗液有:碳酸钠液(Na_2CO_3,即纯碱)、碳酸氢钠溶液($NaHCO_3$,小苏打)、磷酸钠(Na_3PO_4,磷酸三钠)液、磷酸氢二钠(Na_2HPO_4)液等。

(3)碱性高锰酸钾洗液:作用缓慢,适合用于洗涤有油污的器皿。配制方法:取高锰酸钾($KMnO_4$)4 g加少量水溶解后,再加入10%氢氧化钠溶液100 mL。

(4)纯酸、纯碱洗液:根据器皿污垢的性质,直接用浓盐酸(HCl)、浓硫酸(H_2SO_4)或浓硝酸(HNO_3)浸泡或浸煮器皿(温度不宜太高,否则浓酸挥发刺激人)。纯碱洗液多采用10%以上的浓烧碱(NaOH)、氢氧化钾(KOH)或碳酸钠(Na_2CO_3)液浸泡或浸煮器皿。

(5)有机溶剂:带有脂肪性污物的器皿,可以用汽油、甲苯、二甲苯、丙酮、酒精、三氯甲烷、乙醚等有机溶剂擦洗或浸泡。

(二)洗涤玻璃仪器的步骤与要求

(1)常法洗涤仪器。洗刷仪器时,应首先用肥皂将手洗净,免得手上的油污附在仪器上。如仪器附有尘灰,先用清水冲去,再按要求选用洁净剂洗刷或洗涤。如用去污粉,将刷子蘸上少量去污粉,将仪器内外全刷一遍,再边用水冲边刷洗至肉眼看不见有去污粉时,用自来水洗3～6次,再用蒸馏水冲3次以上。清洗干净的玻璃仪器,应该以挂不住水珠为度。用蒸馏水冲洗时,要用顺壁冲洗方法并充分震荡,冲洗仪器后的蒸馏水,用指示剂检查应为中性。

(2)作痕量金属分析的玻璃仪器,使用1∶1～1∶9 HNO_3溶液浸泡,然后进行常法洗涤。

(3)进行荧光分析时,玻璃仪器应避免使用洗衣粉洗涤(因洗衣粉中含有荧光增白剂,会给分析结果带来误差)。

(三)玻璃仪器的干燥

做实验经常要使用干燥的仪器,不同实验对干燥有不同的要求。一般定量分析用的烧杯、锥形瓶等仪器洗净即可使用,而用于食品分析的仪器很多要求是干燥的,有的要求无水痕,有的要求无水,应根据不同要求进行干燥。

1. 晾干

不急用的仪器,可在蒸馏水冲洗后在无尘处倒置,控去水分,自然干燥。

2. 烘干

洗净的仪器控去水分后,可放在烘箱内烘干(烘箱温度一般为105℃～120℃),也可放在红外干燥箱中烘干。称量瓶等在烘干后要放在干燥器中冷却和保存。带实心玻璃塞的及厚壁仪器烘干时,要注意慢慢升温并且温度不可过高,以免破裂。量器不可放于烘箱中烘干。

硬质试管可用酒精灯加热烘干,要从底部烤起,把管口向下,以免水珠倒流把试管炸裂,烘干到无水珠后把试管口向上赶净水气。

3. 热(冷)风吹干

对于急于干燥的仪器或不适于放入烘箱的较大的仪器可用吹干的办法。通常用少量乙醇、丙酮(最后再用乙醚)倒入已控去水分的仪器中摇洗,然后用电吹风机吹,开始用冷风吹1～2 min,当大部分溶剂挥发后吹入热风至完全干燥,再用冷风吹去残余蒸汽,不使其又冷凝在容器内。

二、玻璃管材的简单加工

在化学实验中经常自制一些滴管、搅拌棒、弯管等,要进行玻璃管的截断、拉细、弯曲和熔光操作。所以,学会玻璃管的简单加工和塞子打孔等基本操作是非常必要的。

(一)玻璃管的加工

1. 截断

将玻璃管平放在实验台上,左手按住要截断处的左侧,右手用锉刀的棱在要截断的位置锉出一道凹痕。锉刀应该向一个方向锉,不要来回拉,锉痕应与玻璃管垂直,这样才能保证断后的玻璃管截面是平整的。然后,手持玻璃管凹痕向外,用拇指在凹痕后面轻轻加压,同时食指向外拉,使玻璃管断开(如图3-1所示)。

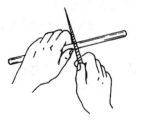
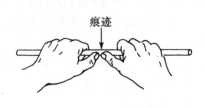

痕迹

锉出凹痕　　　　　　　　　　折断玻璃管

图 3-1　截断玻璃管

2. 熔光

玻璃管和玻璃棒的断面很锋利,容易把手划破。锋利断面的玻璃管也难于插入塞子的圆孔内。所以,必须把玻璃管和玻璃棒的断面进行熔光。操作时,把截面斜插入煤气灯氧化焰中,缓慢转动玻璃管使熔烧均匀,直到圆滑为止。

应将热的玻璃管和玻璃棒按顺序放在石棉网上冷却,不要用手触摸玻璃管热的部位,避免烫伤。

3. 拉细

如图 3-2 所示,双手持玻璃管,把要拉的位置斜放入氧化焰中,尽量增大玻璃管的受热面积,缓慢转动玻璃管。当玻璃管被烧到足够红软时,离开火焰稍停1～2 s,沿着水平方向边拉边旋转,拉到所需要的细度时,一手持玻璃管使其竖直下垂冷却,然后放在石棉网上冷却至室温。

待玻璃管冷却后,从拉细部分截断,即得到带有尖头的玻璃管。熔光时,粗的一端烧熔后立刻垂直放在石棉网上轻轻按压出沿状,冷却后按上胶头即成滴管;细的一端要小心加热熔光,避免烧结。

4. 弯曲

根据需要,玻璃可弯成不同的角度,弯管的方法可分为慢弯法和快弯法。

(1)慢弯法:在氧化焰上加热玻璃管(与拉玻璃管加热操作相同),当玻璃管被烧到刚发黄变软且能弯时,离开火焰,弯成一定角度。弯管时两手向上,玻璃管弯成 V 字形(见图 3-3)。120°以上的角度可一次弯成,较小的角可分几次弯成。先弯成一个较大的角,以后的加热和弯曲都要在前次加热部位稍偏左或偏右处进行,直到弯成所需要的角度,不要把玻璃管烧得太软,一次不要弯的角度太大。

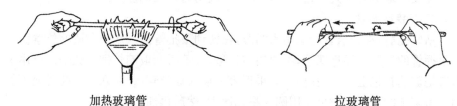

加热玻璃管　　　　　　　　　　　　　拉玻璃管

图 3-2　加热玻璃管和拉玻璃管

(2)快弯法:先将玻璃管拉成尖头并烧结封死,冷却后在氧化焰中将玻璃管欲弯曲部位加热到足够红软时,离开火焰。如图 3-3 所示,左手拿玻璃管从未封口的一端用嘴吹气,右手持尖头的一端向上弯管,一次弯成所需要的角度。这种方法要求煤气的火焰宽些,加热温度要高,弯成的角比较圆滑。注意吹的时候用力不要过大,以免将玻璃管吹漏气或变形。

慢弯法   快弯法

图3-3　弯玻璃管

(二)塞子钻孔

当塞子上需要插入温度计或玻璃管时,就需要钻孔。实验室经常用的钻孔工具是钻孔器,它是一组粗细不同的金属管,钻孔器前端很锋利,后端有柄可用手握,钻完后进入管内的橡胶或软木用带柄的铁条捅出。

1. 钻孔

在胶塞上钻孔,要选择一个比欲插入的玻璃管稍粗的钻孔器(若软木塞则要用略细的钻孔器)。先将塞子面积大的一面放在实验台上,用一只手按住塞子,另一只手握钻孔器的柄,在要求钻孔的位置上,用力向下压并向同一方向旋转钻孔器。当钻孔器进入塞子的深度大于塞子厚度的一半时,将钻孔器反向旋转拔出,再把塞子翻过来,在大面的同一位置上,用钻孔器钻到两面相通为止。

钻孔时,钻孔器必须保持与塞子的底面垂直,以免将孔钻斜,为了减少摩擦力可在钻孔器上涂上甘油。对于软木塞,需先用压塞机压实,或用木板在实验台上压实,其余操作如前所述。

橡胶的摩擦力较大,为胶塞钻孔时,一般用力较大,应注意安全,避免受伤。

2. 安装玻璃管

钻好孔后,将玻璃管前端用水润湿,在转动下把管插入塞中合适的位置。注意手握管的位置应靠近塞子,不要用力过猛,以免折断玻璃管把手扎伤。可用毛巾等把玻璃管包上,防止扎伤。如果很容易插入玻璃管,说明塞子的孔过松不能用。若塞子的孔过小时可先用圆锉将孔锉大,然后再插入玻璃管。

三、常用的加热仪器和方法

(一)常用的加热仪器

在化学实验室中常用的加热仪器有酒精灯、酒精喷灯、煤气灯、电炉、电加热套、马弗炉和微波炉等。

1. 酒精灯

酒精灯由灯罩、灯芯和灯壶三部分组成，如图 3-4 所示。酒精灯的加热温度通常为 400℃～500℃，适用于不需太高加热温度的实验。酒精是易燃品，使用时一定要按规范操作，以免引起火灾。酒精应在灯熄灭的情况下添加，最多加入量为灯壶容积的 2/3；酒精灯必须用火柴点燃，绝不能用另一个燃着的酒精灯去点燃，以免洒落酒精引起火灾。酒精灯的使用方法如图 3-5 所示。用后，用灯罩罩上，即可熄灭酒精灯，不要用嘴吹。片刻后，还应将灯罩再打开一次，以免冷却后盖内产生负压以后打开困难。

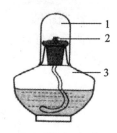

1—灯帽；2—灯芯；
3—灯壶

图 3-4　酒精灯的
构造

①检查灯芯，修整　　②添加酒精

灯芯不齐或烧焦　　加入的酒精量为1/2~2/3

③点燃

灯壶燃着时不能加酒精　　不要用燃着的
酒精灯对火

④熄灭　　⑤加热　　⑥若要使灯焰平稳并适当提高温度，
可以加金属网罩

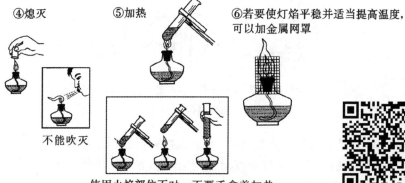

不能吹灭

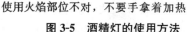

使用火焰部位不对，不要手拿着加热

图 3-5　酒精灯的使用方法

酒精灯的使用

2. 酒精喷灯

酒精喷灯有挂式和座式两种,构造见图 3-6。它们的使用方法如图 3-7 所示。

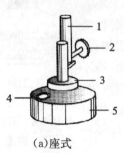 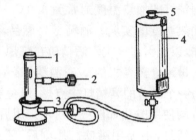

(a)座式

1—灯管;2—空气调节器;3—预热盘;

4—铜帽;5—酒精壶

(b)挂式

1—灯管;2—空气调节器;3—预热盘;

4—酒精贮罐;5—盖子

图 3-6　酒精喷灯的类型和构造

①添加酒精　·②预热

 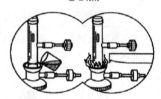

注意关好下口开关,座式喷灯
内贮酒精量不能超过2/3

预热盘中加少量酒精点燃,可多次试点,但
两次不出气,必须在火焰熄灭后加酒精,并
用捅针疏通酒精蒸气出口后,方可再预热

③调节　④熄灭

 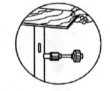

旋转调节器　可盖灭,也可旋转调节器熄灭

图 3-7　酒精喷灯的使用方法

酒精喷灯是靠汽化的酒精燃烧,所以温度较高,可达 700℃～900℃。使用时应先疏通进气孔,在酒精灯壶或储罐内加入酒精。预热盘中加满酒精并点燃使灯管受热,待酒精燃烧完后,开启开关使灯壶或储罐内酒精进入灯管并受热汽化,打开空气调节开关,混合酒精气体与空气,将灯点燃。用完后关闭空气调节器。挂式喷灯不用时,应将储罐下面的开关关闭。

3. 煤气灯

煤气灯主要由灯管和灯座组成(图3-8),灯管下部有螺旋与灯座相连,并开有作为空气入口的圆孔。旋转灯管,可关闭或打开空气入口,以调节空气进入量。灯座侧面为煤气入口,用橡皮管与煤气管道相连;灯座侧面(或下面)有螺旋形针阀,可调节煤气的进入量。

使用时应先关闭煤气灯的空气入口,将燃着的火柴移近灯口时再打开煤气管道开关,将煤气灯点燃(切勿先开气后点火)。然后调节煤气和空气的进入量,使二者的比例合适,得到分层的正常火焰。火焰大小可调节针阀控制。关闭煤气管道上的开关,即可熄灭煤气灯(切勿吹灭)(图3-9)。

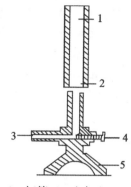

1—灯管;2—空气入口;
3—煤气入口;4—针阀;
5—灯座

图3-8 煤气灯的结构

①点燃

先划火,后开气

②调节

上旋灯管空气进入量增大,向里拧针阀,煤气进入量减少

③加热

氧化焰加热

④关闭

向里拧针阀,并关闭煤气开关

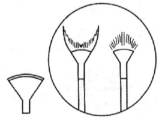

⑤若要扩大加热面积,可加鱼尾灯头

图3-9 煤气灯的使用

煤气灯的正常火焰分三层(图3-10):外层(氧化焰),煤气完全燃烧,呈淡紫色,温度最高,正常火焰的最高温度在氧化焰中心,温度可达800℃～900℃,实验时一般使用氧化焰;中层(还原焰),煤气不完全燃烧,分解为含碳的化合物,呈淡蓝色,温度较高;内层(焰心),煤气和空气进行混合并未燃烧,温度低。

当空气和燃料气的比例不合适时,会产生不正常火焰。如果燃料气和空气的进入量过大,火焰会脱离灯管在管口上方临空燃烧 ,称为临空火焰 [图 3-11 (a)],这种火焰容易自行熄灭;若燃料气进入量很小(或煤气突然降压)而空气比例很高时,燃料气会在灯管内燃烧,在灯口上方能看到一束细长的火焰并能听到特殊的嘶嘶声,这种火焰叫侵入火焰[图 3-11(b)],片刻即能把灯管烧热,不小心易烫伤手指。遇到这两种情况时,应关闭燃料气阀,重新调节后再点燃。

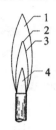  

1—氧化焰;2—最高温区;3—还原焰;4—焰心

图 3-10　正常火焰的构造

煤气量和空气量都过大　(a)

煤气量小,空气量大　(b)

图 3-11　临空(a)和入侵(b)火焰示意图

煤气中的 CO 有毒,使用时要注意安全,一旦发现漏气,应关闭煤气灯,及时查明漏气的原因并加以处理。另外由于煤气中常夹杂未除尽的煤焦油,久而久之,它会把煤气阀门和煤气孔内孔道堵塞。因此,常要把金属灯管和螺旋针阀取下,用细铁丝清理孔道。堵塞严重时,可用苯洗去煤焦油。

4. 电炉

电炉按功率大小有 500 W、800 W、1 000 W 等规格(图 3-12)。使用时一般应在电炉丝上放一块石棉网,在它上面再放需要加热的仪器,这样不仅可以增大加热面积,而且使加热更加均匀。温度的高低可以通过调节电阻来控制。还应注意不要把加热的药品溅在电炉丝上,以免电炉丝损坏。

图 3-12　电炉　　　　　图 3-13　电加热套

5. 电加热套

电加热套是玻璃纤维包裹着电炉丝织成的"碗状"电加热器(图 3-13),温度高低由控温装置调节,最高温可达 400℃左右。根据需要选择不同规格。加热有机物时,由于它不是明火,因此具有不易引起火灾的优点,热效率也高,有机化学实验中常用作蒸馏、回流等操作的热源。在蒸馏或减压蒸馏时,随着瓶内物质的减少,容易造成瓶壁过热,使蒸馏物被烤焦炭化。为避免这种情况发生,宜选用稍大一号的电热套,并将电热套放在升降架上,随着蒸馏的进行,用降低电热套的高度来防止瓶壁过热。

6. 管式炉和马弗炉

管式炉和马弗炉都属于高温电炉(图 3-14),主要用于高温灼烧或进行高温反应,它们外形不同但结构类似,均由炉体和电炉温度控制器两部分组成。加热元件是电热丝时,最高使用温度可以达到 950℃左右;如果用硅碳棒加热,最高使用温度可以达到 1 300℃左右。通常使用热电偶温度计测量温度。

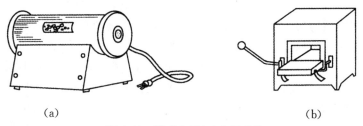

(a) (b)

图 3-14　管式电炉(a)和马弗炉(b)

管式炉内部为管式炉膛,炉膛中插入一根耐高温的瓷管或石英管,恒温部分位于炉膛中部,反应物放入瓷舟或石英舟,再将其放入管中恒温区。可以通入气体控制焙烧和反应气氛,此时磁管或石英管的两端需用带有导管的塞子塞上,以便导入气体和引出尾气。

马弗炉炉膛为正方形,打开炉门就可放入要加热的坩埚或其他耐高温容器。马弗炉内不允许加热液体和其他易挥发的腐蚀性物质。如果要灰化滤纸或有机成分,在加热过程中应打开几次炉门通空气进去。

7. 微波炉

家用微波炉也可用作实验室加热,目前家用微波炉使用频率都是 2 450 MHz或 915 MHz,功率为 500~1 000 W。微波加热属于介电加热效应,与灯具和电炉加热的热辐射机理不同。微波能量转换加热模式的效率依赖于分子的性质,非极性溶剂几乎不吸收微波能,微波加热升温很慢;水、醇类、羧酸类等极性溶剂则可被迅速加热。固体物质吸收微波能力也各异。

玻璃、陶瓷和聚四氟乙烯等非极性材料可以透过微波,因此多作为微波加热容器。金属材料反射微波,不能作为微波加热容器。

(二)加热方式

加热方式有直接加热和间接加热。

1. 直接加热

直接加热是将被加热物直接放在热源中进行加热,如在煤气灯上加热试管或在马弗炉内加热坩埚等。

加热试管中
的试剂

(1)液体的直接加热:当被加热的液体在较高的温度下稳定而不分解且又无着火危险时,可以把盛有液体的器皿放在石棉网上直接加热。对于少量液体可以放在试管中加热。加热时,不要用手拿,应该用试管夹夹住试管的中上部,试管与桌面约成60°倾斜。试管口不能对着别人或自己。先加热液体的中上部,慢慢移动试管,热及下部,然后不时地移动或振荡试管,从而使液体各部分受热均匀,避免试管内液体因局部沸腾而迸溅,引起烫伤。

(2)固体物质的灼烧:加热固体物质时,可以把固体放在坩埚中,将坩埚置于泥三角上,用氧化焰灼烧。不要让还原焰接触坩埚底部,以免坩埚底部结上炭黑。开始时,先用小火烘烧坩埚,使坩埚受热均匀。然后加大火焰,根据实验要求控制灼烧温度和时间。停止加热时,要首先关闭煤气开关或者熄灭酒精灯。要夹取高温坩埚时,必须用干净的坩埚钳。用前先在火焰上预热钳的尖端,再去夹取。坩埚钳用后应平放在桌上或石棉网上,尖端向上,保证坩埚钳尖端洁净(图3-15)。

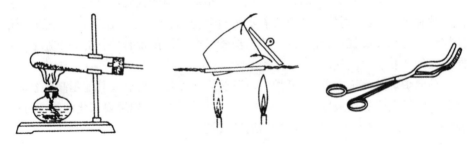

(a)物质试管中灼烧少量固体　　(b)坩埚中灼烧固体　　(c)坩埚钳尖端向上放在石棉网上

图3-15　固体物质的灼烧

2. 间接加热

间接加热是先用热源将某些介质加热,介质再将热量传递给被加热物,这种方法称为热浴。常见的热浴方法有水浴、油浴、沙浴等。热浴的优点是加热均匀,升温平稳,并能使被加热物保持一定温度。

(1)水浴加热可用恒温水浴箱或水浴锅实现。水浴锅的盖子由一组大小不同的同心金属圆环组成。根据要加热的器皿大小去掉部分圆环,原则是尽可能增大容器受热面积而又不使器皿掉进水浴锅。水浴锅内放水量不要超过其容积的 2/3(图 3-16)。

恒温水浴箱则采用电加热并带有自动控温装置,控温精度更高。

图 3-16　水浴加热

(2)用油代替水浴中的水,将加热容器置于油中,即为油浴。油浴所能达到的最高温度取决于所用油的种类。实验室中最常用的油浴油为甘油和石蜡,甘油可加热至 220℃,温度再高会分解。透明石蜡可加热至 200℃,温度再高虽然不分解,但易燃烧。硅油和真空泵油加热至 250℃仍较稳定。使用油浴时,应在油浴中放入温度计观测温度,以便调整火焰,防止油温过高。在油浴锅内使用电热圈加热,比明火加热更为安全。再接入继电器和接触式温度计,就可以实现自动控制油浴温度。

使用油浴时要加倍小心,发现严重冒烟时要立即停止加热。还要注意不要让水滴溅入油浴锅。

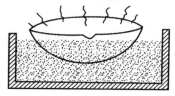

图 3-17　沙浴加热

(3)沙浴是在铺有一层均匀细沙的铁盘上加热,适用于 400℃以下的加热。可以将欲被加热的部位埋入细沙中,将温度计的水银球部分埋入靠近器皿处的沙中(不要触及底部),用煤气灯加热沙盘(图3-17)。沙浴的特点是升温比较缓慢,停止加热后,散热也较慢。

四、固体物质分离和提纯过程基本操作

固体物质的分离和提纯经常是依据固体物质在溶解性上的差异达到分离和提纯的目的,其过程中常常用到溶解、蒸发(浓缩)、结晶(重结晶)和固-液分离等基本操作。

(一)溶解

首先要根据被提纯固体物质的性质选好溶剂,再考虑温度对该物质溶解度的影响和实际需要而取用适量的溶剂。如果固体颗粒太大不易溶解时,应先在洁净干燥的研钵中将固体研细,研钵中盛放固体的量不要超过其容量的1/3。

在溶解过程中可采取加热和搅拌的方法以加速物质的溶解。加热时,应根据物质对热的稳定性,选用直接用火加热或用水浴等间接加热方法。

用搅拌棒搅动时,应手持搅拌棒并转动手腕使搅拌棒在液体中均匀地转动,不要用力过猛,不要使搅拌棒碰在器壁上,以免损坏容器。

（二）蒸发（浓缩）

加热使溶剂不断减少的过程叫蒸发（浓缩）。蒸发通常在蒸发皿中进行，加入蒸发皿中液体的量不得超过其容量的2/3，以防液体溅出。如果液体量较多，可随水分的不断蒸发而继续添加液体。注意不要使蒸发皿骤冷，以免炸裂。若物质的溶解度随温度变化较小，应加热到溶液表面出现晶膜时，停止加热。若物质的溶解度较小或高温溶解度虽大但室温时溶解度较小，降温后容易析出晶体，不必蒸至液面出现晶膜，就可以冷却。

（三）结晶与重结晶

结晶是指溶液经过蒸发浓缩达到饱和或过饱和后，从溶液中析出晶体的过程。一般而言，溶液的过饱和程度越大，晶体析出的速度越快。过饱和是一种不稳定的状态，如在过饱和溶液中加入一小粒晶体（晶种），搅拌溶液或用玻璃棒摩擦器皿都可以加速晶体的析出。

重结晶是晶体提纯的一个重要方法，是利用待提纯物中各组分在某种溶剂中的溶解度不同，或在同一溶剂中不同温度时的溶解度不同，而达到使它们相互分离的目的。

重结晶提纯法的一般过程为：选择溶剂→溶解固体→除去杂质→晶体析出。如果析出的晶体纯度还不合要求，可以再次反复操作，直至达到要求。

选择适宜的溶剂是重结晶操作的关键，通常根据"相似相溶"的原理，但所选的溶剂必须具备下列条件：

（1）不与被提纯物质起反应。

（2）待提纯物质的溶解度随温度的变化有明显的差异。

（3）杂质的溶解度很大（结晶时留在母液中）或很小（趁热过滤即可除去）。

（4）溶剂沸点应低于待提纯物质的熔点，但不可太高，因为太高时，附着于晶体表面的溶剂不易除去。

（5）溶剂的价格低廉、毒性低、回收率高。

（四）固液分离方法

固液分离主要有倾析、过滤和离心分离三种方法。

1. 倾析法

当沉淀的相对密度较大或晶体的颗粒较大，静止后能很快沉降至容器的底部时，常用倾析法进行分离和洗涤。将沉淀上部的溶液倾入另一容器中而使沉淀与溶液分离。如需洗涤沉淀时，只要向盛沉淀的容器内加入少量洗涤液，将沉淀和洗涤液充分搅拌均匀，待沉淀沉降到容器的底部后，再用倾析法倾去溶液。如此反复操作两三遍，即能将沉淀洗净。

倾析法

2. 过滤

过滤是最常用的固-液混合物分离方法,当沉淀和溶液经过过滤器时,沉淀留在过滤器上,溶液通过过滤器而进入容器中,所得溶液叫做滤液,留在过滤器上的沉淀成为滤饼。常用的过滤方法有常压过滤(普通过滤)、减压过滤(吸滤)和热过滤。过滤速度受溶液的温度、黏度、压力、沉淀的状态和颗粒大小的影响,因而应根据具体情况选择不同的过滤方法。溶液黏度愈小,过滤愈快,通常热的溶液黏度小,采用热过滤法比较容易,减压过滤利用负压强而使过滤加快;如果沉淀是胶状的,可在过滤前加热破坏溶胶,促使胶体聚沉,以免胶状沉淀透过滤纸。

(1)常压过滤。

①滤纸的选择:滤纸有定性滤纸和定量滤纸两种,定性实验中常用定性滤纸,重量法定量分析使用定量滤纸,定量滤纸又称为无灰滤纸,在灼烧后其灰分的质量应小于或等于常量分析天平的感量。滤纸按孔隙大小分为"快速"、"中速"和"慢速"三种,根据沉淀的性质选择滤纸的类型,如 $BaSO_4$ 细晶形沉淀,应选用"慢速"滤纸,NH_4MgPO_4 粗晶形沉淀,宜选用

常压过滤法

"中速"滤纸,$Fe_2O_3 \cdot H_2O$ 为胶状沉淀,需选用"快速"滤纸过滤。按直径大小滤纸分为 7 cm,9 cm,11 cm 等,应根据沉淀量的多少和漏斗的大小选择滤纸,一般要求沉淀的总体积不得超过滤纸锥体高度的 1/3,滤纸上沿应低于漏斗上沿约 1 cm。

②漏斗的选择:选用的漏斗大小应以能容纳沉淀为宜。漏斗有玻璃漏斗和搪瓷漏斗,有长颈漏斗和短颈漏斗之分(图 3-18)。规格按斗径(深)可分为 30 mm,40 mm,60 mm,100 mm,120 mm 等。

③滤纸折叠与放置:折叠滤纸前应先把手洗净擦干,以免弄脏滤纸。按四折法折成圆锥形,做法是先把滤纸对折,然后再对折。为保证滤纸与漏斗密合,第二次对折时不要折死,先把锥体打开,放入漏斗(漏斗应干净而且干燥)。如果上边缘不十

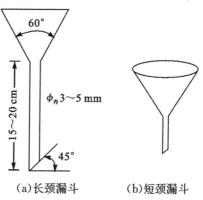

(a)长颈漏斗　　　(b)短颈漏斗

图 3-18　长颈漏斗和短颈漏斗

分密合,可以稍微改变滤纸的折叠角度,直到与漏斗密合为止,此时可以把第二次的折边折死。展开滤纸锥体一边为三层,另一边为一层,为了使滤纸和漏斗内壁贴紧而无气泡,常在三层厚的外层滤纸折角处撕下一小块,此小块滤纸保存在洁净干燥的表面皿上,以备擦拭烧杯中残留的沉淀用(图 3-19)。

(a)对折　　(b)适当改变折的角度　　(c)展开为锥形　(d)置于漏斗并撕去一角

图 3-19　滤纸的折叠与放置

滤纸放入漏斗后,滤纸应低于漏斗边缘 0.5～1 cm,用手按紧使之密合。然后用洗瓶加少量水润湿滤纸,轻压滤纸赶去气泡,加水至滤纸边缘。这时漏斗颈内应全部充满水,形成水柱,加快过滤速度。若不能形成水柱,可用手指堵住漏斗下口,稍掀起滤纸的一边,用洗瓶向滤纸和漏斗的空隙处加水,使漏斗充满水,压紧滤纸边,慢慢松开堵住下口的手指,此时也可形成水柱。如果漏斗形状或漏斗颈不干净都影响水柱的形成。

④过滤:过滤操作注意"三靠",多采用倾析法,见图 3-20。即先倾出静置后的清液,再转入沉淀。首先将准备好的漏斗放在漏斗架上,漏斗下面放承接滤液的洁净烧杯,其容积应为滤液总量的 5～10 倍,并斜盖以表面皿。漏斗颈口斜处紧靠杯壁(一靠),使滤液沿烧杯壁流下。漏斗放置位置以漏斗颈下口不接触滤液为度。在同时进行几份平行测定时,应把装有待滤溶液的烧杯分别放在相应的漏斗之前,按顺序过滤,不要弄错。

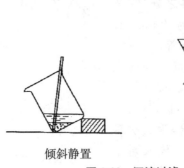 

倾斜静置　　　　　　　过滤

图 3-20　沉淀过滤

将经过倾斜静置后的清液倾入漏斗中时,要注意烧杯嘴紧靠玻璃棒(二靠),让溶液沿着玻璃棒缓缓流入漏斗中;而玻璃棒的下端要靠近三层滤纸处(三靠),但不要接触滤纸。一次倾入的溶液一般最多只充满滤纸的 2/3,以免少量沉淀因毛细管作用越过滤纸上沿而损失。当倾入暂停时,小心扶正烧杯,玻璃棒不离烧杯嘴,烧杯向上移1~2 cm,靠去烧杯嘴的最后一滴后,将玻璃棒收回并直接放入烧杯中,但玻璃棒不要靠在烧杯嘴处,因为此处可能沾有少量沉淀。倾析完成后,在烧杯内将沉淀作初步洗涤,再用倾析法过滤,如此重复3~4次。

⑤沉淀的转移:为了把沉淀转移到滤纸上,先用少量洗涤液把沉淀搅起,将悬浮液立即按上述方法转移到滤纸上,如此重复几次,一般可将绝大部分沉淀转移到滤纸上。残留的少量沉淀,按图3-21所示的方法可将沉淀全部转移干净。左手持烧杯倾斜着拿在漏斗上方,烧杯嘴向着漏斗。用食指将玻璃棒横架在烧杯口上,玻璃棒的下端向着滤纸的三层处,用洗瓶吹出洗液,冲洗烧杯内壁,沉淀连同溶液沿玻璃棒流入漏斗中。

⑥洗涤沉淀:沉淀全部转移到滤纸上以后,仍需在滤纸上洗涤沉淀,以除去沉淀表面吸附的杂质和残留的母液。其方法是从滤纸边沿稍下部位开始,用洗瓶吹出的水流,按螺旋形向下移动,如图3-22所示。并借此将沉淀集中到滤纸锥体的下部。洗涤时应注意,切勿使洗涤液突然冲在沉淀上,这样容易溅失。

为了提高洗涤效率,通常采用"少量多次"的洗涤原则:即用少量洗涤液,洗后尽量沥干,多洗几次。沉淀洗涤至最后,用干净的试管接取几滴滤液,选择灵敏的定性反应来检验共存离子,判断洗涤是否完成。

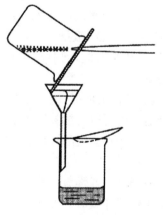

图3-21　沉淀转移

图3-22　沉淀的洗涤

(2)减压过滤。

①装置:减压过滤可加快过滤速度,并使沉淀抽吸得较干燥。但不宜用于过滤胶状沉淀和颗粒太小的沉淀,因为胶状沉淀在快速过滤时易透过滤纸。颗粒

太小的沉淀易在滤纸上形成一层密实的沉淀,溶液不易透过。装置如图 3-23 所示,其中水泵起着带走空气使吸滤瓶内压力减小的作用,瓶内与布氏漏斗液面上的负压,加快了过滤速度。吸滤瓶用来承接滤液。布氏漏斗上有许多小孔,漏斗颈插入单孔橡皮塞,与吸滤瓶相接。应注意橡皮塞插入吸滤瓶内的部分不得超过塞子高度的 2/3。还应注意漏斗颈下方的斜口要对着吸滤瓶的支管口。

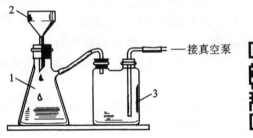

1—吸滤瓶;2—布氏漏斗;3—安全瓶

图 3-23　减压过滤装置

减压过滤法

当要求保留溶液时,需要在吸滤瓶和抽气泵之间装上一安全瓶,以防止关闭泵或水的流量突然变小时使自来水回流入吸滤瓶内(此现象称为反吸或倒吸),把溶液弄脏。安装应注意安全瓶长管和短管的连接顺序,不要连错。

②操作步骤:按图 3-23 组装好实验装置,将滤纸放入布氏漏斗内,滤纸大小应略小于漏斗内径又能将全部小孔盖住为宜,用蒸馏水润湿滤纸,微开水泵,抽气使滤纸紧贴在漏斗瓷板上;倾析法转移溶液时注意溶液量不应超过漏斗容量的 2/3,逐渐加大抽滤速度,待溶液快流尽时再转移沉淀,同时注意观察吸滤瓶内液面高度,当快达到支管口位置时,应拔掉吸滤瓶上的橡皮管,从吸滤瓶上口倒出溶液,不要从支管口倒出,以免弄脏溶液。洗涤沉淀时,应停止抽滤,让少量洗涤剂缓缓通过沉淀物,然后进行抽滤。吸滤过程不得突然关掉水泵,吸滤完毕或中间需停止吸滤时,应注意需先拆下连接水泵和吸滤瓶的橡皮管,然后关闭水龙头或循环水泵开关,以防反吸。

③特殊试液的过滤:如果过滤的溶液具有强酸性或强氧化性,溶液会破坏滤纸,此时可用玻璃砂漏斗。玻璃砂漏斗也叫垂熔漏斗或砂芯漏斗,是一种耐酸的过滤器,不能过滤强碱性溶液,常用砂芯漏斗规格如表 3-1。过滤强碱性溶液可使用玻璃纤维代替滤纸。过滤时应将洁净的玻璃纤维均匀铺在布氏漏斗内,与减压操作步骤相同。由于过滤后,沉淀在玻璃纤维上,故此法只适用于弃去沉淀只要滤液的固液分离。

表 3-1　砂芯漏斗的规格

滤板代号	滤板孔径/μm	一般用途
G_1	20～30	过滤胶状沉淀
G_2	10～15	滤除较大颗粒沉淀物
G_3	4.5～9	滤除细小颗粒沉淀物
G_4	3～4	滤除细小颗粒或较细颗粒沉淀物

（3）热过滤。

某些溶质的溶解度随温度变化较大，当溶液温度降低时，易成晶体析出，需要趁热过滤该种溶液，通常使用热滤漏斗，如图 3-24 所示。过滤时，把玻璃漏斗放在铜质的热滤漏斗内，热滤漏斗内装有热水（水不要太满，以免水加热至沸后溢出）以维持溶液的温度。也可以事先把玻璃漏斗在水浴上用蒸气加热，再使用。热过滤选用的玻璃漏斗颈越短越好。

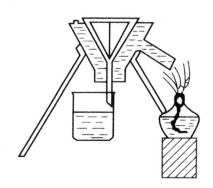

图 3-24　热过滤

3. 离心分离

当试管反应中得到的少量溶液与沉淀需要分离时，常采用离心分离法，其操作简单而迅速。实验室常用电动离心机进行分离。操作时，把盛有混合物的离心管放入离心机的套管内，在这套管的相对位置上的空套管内放一同样大小的试管，内装与混合物等体积的水，以保持转动平衡。然后缓慢起动离心机，再逐渐加快离心 1～2 min，旋转按钮至停止位置，使离心机自然停下。在任何情况下离心机都不能启动太快，也不能用外力强制停止，否则会使离心机损坏而且易发生危险。

由于离心作用，沉淀紧密地聚集于离心管的尖端，上方的溶液是澄清的。可用滴管小心地吸出上方清液，也可将其倾出。如果沉淀需要洗涤，可以加入少量的洗涤液,用玻璃棒充分搅动,再进行离心分离,如此重复操作两三遍即可。

五、液体的量取溶液的配制和容量仪器的校准

(一)液体的量取

(1)粗略量取液体时,可根据所需要液体的体积选择合适的量筒或量杯量取。从滴瓶中取用液体时,要用滴瓶中的滴管,滴管不要触及所接收的容器,以免玷污药品。装有药品的滴管不得横置或滴管口向上倾斜,以免液体药品流入滴管的胶皮帽中。从试剂瓶中取用时,应用倾注法。将瓶塞取下,反放在桌面上,手握试剂瓶贴有标签的一面,逐渐倾斜瓶子,让试剂沿瓶口或沿玻璃棒流入接收容器。取出所需液体量后,将试剂瓶口在玻璃棒上靠一下,再慢慢竖起瓶子,以免遗留在瓶口的液体滴流到瓶的外壁。

(2)准确量取液体时,一种方法可用移液管移取。移液管在使用前应先后用洗涤液、去离子水和待量取的液体洗涤。洗涤时,可先慢慢地吸入少量洗涤的水或液体至移液管中,用食指按住管口,然后将移液管平持,松开食指,转动移液管,使洗涤的水或液体与管口以下的内壁充分接触。再将移液管持直,让洗涤水或液体流出,如此反复洗涤数次。用移液管量取液体时,应把移液管的尖端部分插入液体中,用洗耳球将液体慢慢吸入管中,待溶液上升到标线以上约 2 cm 处,立即用食指(不要用大拇指)按住管口。将移液管持直并移出液面(图 3-25),微微松动食指,用大拇指和中指轻轻转动移液管,使管内液体的弯月面慢慢下降到标线处(注意:视线液面与标线均应在同一水平面上),立即压紧管口。若管尖外挂有液滴,可使管尖与容器壁接触使液滴流下。再把移液管移入另一容器,并使

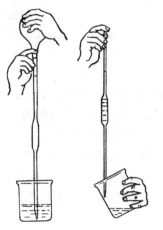

图 3-25　移液管的使用

移液管的使用

管尖与容器内壁接触,然后放开食指,让液体自由流出。待管内液体不再流出后,稍停片刻(十几秒钟),转动移液管,再把移液管拿开。此时残留在移液管内的液滴一般不必吹出,因移液管的容量只计算自由流出液体的体积,刻制标线时已把滞留在管内的液滴体积扣除了。但是,如果移液管上标有"吹"字,则最后残留在管内的液滴必须吹出。

移液枪(图 3-26)是实验室少量或微量液体的精确移取的另一种移液器,移液枪有不同的规格,不同规格的移液枪配套使用不同大小的枪头。不同生产厂家生产的形状也略有不同,但工作原理及操作方法基本一致。移液枪在使用和存放时均要小心谨慎,防止损坏,影响其量程。

图 3-26　移液枪

移液枪加样的物理学原理有空气垫(活塞冲程)加样和无空气垫的活塞正移动加样两种,不同原理的移液枪有其特定应用范围。空气垫加样器吸液范围在小于 $1\ \mu L$ 至 10 mL 之间,用于固定或可调体积液体的加样。活塞正移动加样器用于具有高蒸汽压的、高黏稠度以及密度大于2.0 g/cm^3 的液体。

使用移液枪时先调节量程,如果要从大体积调为小体积,则顺时针旋转旋钮即可。如果要从小体积调为大体积时,则可先逆时针旋转刻度旋钮至超过量程的刻度,再回调至设定体积,这样可以保证量取的最高精确度。在该过程中,不可将按钮旋出量程,否则会卡住内部机械装置而损坏了移液枪。然后装配枪头,将移液枪垂直插入枪头中,稍微用力左右微微

定量转移

转动即可使其紧密结合。移液之前,要保证移液器、枪头和液体处于相同温度。吸取液体时,移液器保持竖直状态,将枪头插入液面下 2~3 mm。在吸液之前,可以先吸放 3 次液体以润湿吸液嘴(尤其是要吸取黏稠或密度与水不同的液体时)。

移液方法分为前进移液法和反向移液法。前进移液法:用大拇指将按钮按下至第一停点,然后慢慢松开按钮回原点(吸取固定体积的液体)。接着将按钮按至第一停点排出液体,稍停片刻继续按按钮至第二停点吹出残余的液体,最后松开按钮。反向移液法一般用于转移高黏液体、生物活性液体、易起泡液体或极微量的液体,其原理就是先吸入多于设置量

容量瓶的使用

程的液体,转移液体的时候不用吹出残余的液体。先按下按钮至第二停点,慢慢松开按钮至原点,吸上之后,斜靠一下容器壁将多余液体沿器壁流回容器。接着

将按钮按至第一停点排出设置好量程的液体,继续保持按住按钮位于第一停点(不可再往下按),取下有残留液体的枪头,弃之。

移液枪使用完毕,将其竖直挂在移液枪架上。当移液器枪头里有液体时,切勿将移液器水平放置或倒置,以免液体倒流腐蚀活塞弹簧。

(3)三阀洗耳球。

除了常用的洗耳球,还有一种三阀洗耳球可以用于移液操作。三阀洗耳球有 A、S 和 E 三个阀门,每个阀门里面有一个玻璃珠,起密封作用,捏下 A、S 和 E 阀门可以分别实现排气、吸液和排液作用。

使用时捏住阀门 A 后挤压球体,此时球体里面的气体可被排出,之后释放阀门 A。然后将移液管上端插入吸耳球阀门 S 下端口,移液管伸到溶液中,捏住阀门 S 吸液,当移液管中的液面到达所需的刻度时释放阀门 S,如果超出了刻度可捏住阀门 E 排液到所需刻度。最后捏住阀门 E 放出移液管中液体,当液体全部流出,等待 15 s 后松开阀门,使用的移液管如需吹液,则按下阀门 E 旁边的小球即可。

图 3-27 三阀洗耳球

(二)溶液的配制

按照溶液浓度准确程度不同,溶液可以分为非标准溶液和标准溶液。标准溶液指已知浓度的溶液,浓度表示一般保留四位有效数字。

1. 非标准溶液的配制

(1)首先根据实验需要计算所需的试剂的质量。

(2)如果用固体试剂配制,使用台秤称取所需的固体试剂,倒入带有刻度的烧杯中,加入少量的蒸馏水搅拌使固体完全溶解后,最后用蒸馏水稀释至所需体积;如果用液体试剂配制,则可用量筒量取,后注入装有少量水的带有刻度的烧杯中,搅拌,混合,最后用蒸馏水稀释至所需体积,若溶液放热,需冷却至室温后再用蒸馏水稀释。

(3)配制易水解的盐溶液时,需加入适量酸,再用水或稀酸稀释;易氧化或还原的试剂,应采取现用现配(或适当措施),防止变质。

2. 标准溶液的配制

标准溶液的配制一般采用直接法或间接法(也称标定法)。

(1)直接法:用分析天平准确称取一定量的基准物质(或标准物质),溶入适量的水中,再定量转移到容量瓶中,用水稀释至刻度。转移溶液时,先将杯中的溶液沿玻璃棒小心地注入容量瓶中(图 3-28),再用洗瓶中少量水淋洗烧杯及玻璃棒 2～3 次,并将每次淋洗的水都注入容量瓶中,当溶液达 2/3 容量时,可将容量瓶沿水平方向摆动几周使溶液初步混合。最后,加水到标线处。但需注意,当液面将接近标线时,应使用滴管小心地逐滴将水加到标线处,观察时视线、液面弯月面与标线应在同一水平面上。塞紧瓶塞,用手指压紧瓶塞(以免脱落),将容量瓶倒转数次,并在倒转时加以摇荡,以保证瓶内溶液浓度均匀。最后根据称取试剂的质量和容量瓶的体积,计算它的准确浓度。

图 3-28　定量转移操作

作为基准物质需要具备以下特点:①试剂组成与化学式完全相符;②试剂纯度足够高,一般在 99.9% 以上;③通常情况下性质稳定,不分解,不吸潮,不吸收空气中 CO_2,结晶水稳定;④有较大的摩尔质量,从而减少称量误差。

常用的基准物质列于表 3-2。

表 3-2　常用基准物质及使用条件

名称	分子式	干燥后的组成	干燥条件/℃	标定对象
碳酸氢钠	$NaHCO_3$	Na_2CO_3	270～300	酸
碳酸钠	$Na_2CO_3 \cdot 10H_2O$	Na_2CO_3	270～300	酸
硼砂	$Na_2B_4O_7 \cdot 10H_2O$	$Na_2B_4O_7 \cdot 10H_2O$	放在含 NaCl 和蔗糖饱和液的干燥器中	酸
碳酸氢钾	$KHCO_3$	K_2CO_3	270～300	酸
草酸	$H_2C_2O_4 \cdot 2H_2O$	$H_2C_2O_4 \cdot 2H_2O$	室温空气干燥	碱或 $KMnO_4$
邻苯二甲酸氢钾	$KHC_8H_4O_4$	$KHC_8H_4O_4$	110～120	碱
重铬酸钾	$K_2Cr_2O_7$	$K_2Cr_2O_7$	140～150	还原剂
溴酸钾	$KBrO_3$	$KBrO_3$	130	还原剂
碘酸钾	KIO_3	KIO_3	130	还原剂
铜	Cu	Cu	室温干燥器中保存	
三氧化二砷	As_2O_3	As_2O_3	同上	氧化剂
草酸钠	$Na_2C_2O_4$	$Na_2C_2O_4$	130	氧化剂

续表

名称	分子式	干燥后的组成	干燥条件/℃	标定对象
碳酸钙	$CaCO_3$	$CaCO_3$	110	EDTA
硝酸铅	$Pb(NO_3)_2$	$Pb(NO_3)_2$	室温干燥器中保存	EDTA
氧化锌	ZnO	ZnO	900~1 000	EDTA
锌	Zn	Zn	室温干燥器中保存	EDTA
氯化钠	$NaCl$	$NaCl$	500~600	$AgNO_3$
氯化钾	KCl	KCl	500~600	$AgNO_3$
硝酸银	$AgNO_3$	$AgNO_3$	220~250	氯化物

(2)间接法:如果配制标准溶液的试剂不是基准物质,则不可采用直接法配制,需要使用间接法配制。间接法配制标准溶液时,应粗配成接近所需浓度的溶液,再用适当的基准试剂或已知浓度的标准溶液进行标定其准确浓度。

(三)容量仪器的校准

容量器皿的实际体积与其标出的体积并非完全相符。因此,在准确度要求较高的实验工作中,必须对容量仪器进行校准。

由于玻璃仪器具有热胀冷缩的特性,在不同温度下容量器皿的体积也不同,因此校准容量器皿时,必须规定一个共同的温度。这一规定温度称为标准温度。国际上规定,玻璃仪器的标准温度为 20℃,即校准时都将玻璃器皿校准到 20℃时的实际体积。容量仪器的校准方法一般有两种:相对校准和绝对校准。

1. 相对校准

两种容器体积之间有一定的比例关系,可用相对校准的方法。

2. 绝对校准

绝对校准是测定容量仪器的实际体积。常用的标准方法为衡量法,又称称量法。即用天平称出容量器皿量入或量出水的质量,然后根据水的密度计算出容量器皿在标准温度下的实际体积。由质量算出体积时需注意三方面的问题:①水的密度随温度的变化;②温度对玻璃器皿容积涨缩的影响;③在空气中称量时空气浮力的影响。

实际应用时,只要标出被校准的容量器皿量入或量出纯水的质量,再除以该温度下水的密度,便是该温度下该容量器皿在 20℃时的实际容积。

容量器皿是以 20℃ 为标准校准的,但测量时不一定是在 20℃,因此容量仪器的容积及溶液的体积都会发生改变,由于玻璃的膨胀系数很小,在温差不大的情况下,容量仪器的体积改变可以忽略,即影响测量结果的主要因素是水的密度。

六、滴定管的使用方法

滴定管是滴定操作时准确测量标准溶液体积的一种量器。滴定管的管壁上有刻度线和数值,最小刻度为 0.1 mL,"0"刻度在上,自上而下数值由小到大。滴定管分酸式滴定管和碱式滴定管两种。酸式滴定管下端有玻璃旋塞,用以控制溶液的流出。酸式滴定管只能用来盛装酸性溶液或氧化性溶液,不能盛碱性溶液,因碱与玻璃作用会使磨口旋塞粘连而不能转动,碱式滴定管下端连有一段橡皮管,管内有玻璃珠,用以控制液体的流出,橡皮管下端连一尖嘴玻璃管。凡能与橡皮起作用的溶液如高锰酸钾溶液,均不能使用碱式滴定管。

(一)酸式滴定管的使用方法

(1)洗涤:选择合适的洗涤剂和洗涤方法,通常滴定管可用自来水、肥皂水洗涤,避免使用去污粉,自来水冲洗后,用去离子水或蒸馏水冲洗备用。有油污的滴定管可用铬酸洗液洗涤。

滴定管的使用

(2)旋塞涂凡士林:把旋塞芯取出,用手指蘸少许凡士林,在旋塞芯两头薄薄地涂上一层,然后把旋塞芯插入塞槽内,旋转使油膜在旋塞内均匀透明,且旋塞转动灵活。

(3)试漏:将旋塞关闭,滴定管里注满水,把它固定在滴定管架上,放置1~2 min,观察滴定管口及旋塞两端是否有水渗出,旋塞不渗水才可使用。

(4)排出气泡:滴定管内装入标准溶液后要检查尖嘴内是否有气泡。如有气泡,将影响溶液体积的准确测量。排除气泡的方法是:用右手拿住滴定管无刻度部分使其倾斜约 30°角,左手迅速打开旋塞,使溶液快速冲出,将气泡带走。

(5)滴定:进行滴定操作时,应将滴定管夹在滴定管架上。左手控制旋塞,大拇指在管前,食指和中指在后,三指轻拿旋塞柄,手指略微弯曲,向内扣住旋塞,避免产生使旋塞拉出的力,向里旋转旋塞使溶液滴出(图 3-29(a))。

(二)碱式滴定管的使用方法

(1)洗涤:选择合适的洗涤剂和洗涤方法,通常滴定管可用自来水、肥皂水洗涤,避免使用去污粉,自来水冲洗后,用去离子水或蒸馏水冲洗备用。

(2)试漏:给碱式滴定管装满水后夹在滴定管架上静置 1~2 min。若有漏水应更换橡皮管或管内玻璃珠,直至不漏水且能灵活控制液滴为止。

(3)排出气泡:滴定管内装入标准溶液后,要将尖嘴内的气泡排出。方法是把橡皮管向上弯曲,出口上斜,挤捏玻璃珠,使溶液从尖嘴快速喷出,气泡即可随之排掉(图3-30)。

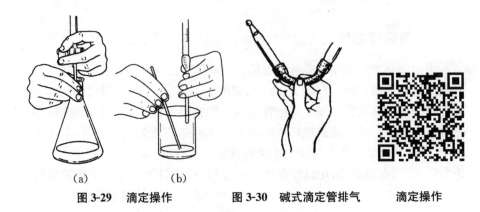

　　(a)　　　　　　　(b)

图 3-29　滴定操作　　　图 3-30　碱式滴定管排气　　　滴定操作

　　(4)滴定:进行滴定操作时,用左手的拇指和食指捏住玻璃珠靠上部位,向手心方向捏挤橡皮管,使其与玻璃珠之间形成一条缝隙,溶液即可流出(图 3-29(b))。

　　(三)滴定管的使用注意事项

　　(1)滴定管使用前和用完后都应进行洗涤。洗前要将滴定管旋塞关闭。管中注入水后,一手拿住滴定管上端无刻度的地方,一手拿住旋塞或橡皮管上方无刻度的地方,边转动滴定管边向管口倾斜,使水浸湿全管。然后直立滴定管,打开旋塞或捏挤橡皮管使水从尖嘴口流出。滴定管洗干净的标准是玻璃管内壁不挂水珠。

　　(2)装标准溶液前应先用标准液冲洗滴定管 2～3 次,洗去管内壁的水膜,以确保标准溶液浓度不变。装液时要将标准溶液摇匀,然后不借助任何器皿直接注入滴定管内。

　　(3)滴定管必须固定在滴定管架上使用。读取滴定管的读数时,要使滴定管垂直,视线应与弯月面下沿最低点在一水平面上,要在装液或放液后 1～2 min进行。每次滴定时最好从"0"刻度开始。

七、气体的发生、净化、干燥与收集

　　(一)气体的发生

　　1. 常用的气体发生方法

　　实验中需用少量气体时,可在实验室中制备,常用的制备方法见表3-3。

表 3-3　实验室常用的气体发生方法

气体发生方法	实验装置图	适用气体	注意事项
加热试管中的固体制备气体		氧气、氨、氮气等	管口略向下倾斜,防止水珠倒流试管炸裂;检查气密性
利用启普发生器制备气体		氢气、二氧化碳、硫化氢等	不能加热,装在发生器内的固体必须是颗粒较大或块状
利用蒸馏烧瓶和分液漏斗组装装置制备气体		一氧化碳、二氧化硫、氯化氢等	分液漏斗插入液体,使液体易流出;可微热

续表

气体发生方法	实验装置图	适用气体	注意事项
钢瓶中直接获取		多种气体	

2. 启普气体发生器

启普气体发生器具有比较方便地控制气体发生的特点,因而在实验室中常常使用它制备氢气、二氧化碳、硫化氢等气体。

(1)启普气体发生器是由一个葫芦状的玻璃容器和球形漏斗组成(图 3-31)。葫芦状的容器(由球体和半球体构成)底部有一液体出口,平常用玻璃塞(有的用橡皮塞)塞紧。球体的上部有一气体出口,与带有玻璃旋塞的导气管相连。移动启普气体发生器时,应用两手握住球体下部,切勿只握住球形漏斗,以免葫芦状容器落下而打碎。

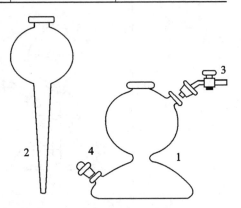

1—葫芦状容器;2—球形漏斗;
3—旋塞导管;4—液体出口

图 3-31　启普气体发生器结构图

(2)装配与使用。

①装配:在球形漏斗颈和玻璃旋塞磨口处涂一薄层凡士林油,插好球形漏斗和玻璃旋塞,转动几次,使其严密。

②检查气密性:开启旋塞,从球形漏斗口注水至充满葫芦状容器的半球体时,关闭旋塞。继续加水,待水从漏斗管上升到漏斗球体内,停止加水。在水面处做一记号,静置片刻,如水面不下降,证明不漏气,可以使用。

③加试剂:在葫芦状容器的球体下部先放些玻璃棉或橡皮垫圈(玻璃棉或橡皮垫圈的作用是避免固体掉入半球体底部)。然后由气体出口加入固体药品(加入固体的量不宜过多,以不超过中间球体容积的 1/3 为宜,否则固液

反应激烈,酸液很容易被气体从导管冲出),再从球形漏斗加入适量稀酸(约 6 mol·dm^{-3})。

④发生气体:使用时,打开旋塞,由于中间球体内压力降低,酸液即从底部通过狭缝进入中间球体与固体接触而产生气体。停止使用时,关闭旋塞,由于中间球体内产生的气体增大压力,就会将酸液压回球形漏斗中,使固体与酸液不再接触而停止反应。下次再用时,只要打开旋塞即可。使用非常方便,还可通过调节旋塞来控制气体的流速。

⑤添加或更换试剂:发生器中的酸液长久使用会变稀,换酸液时,可先用塞子将球形漏斗上口塞紧,然后把液体出口的塞子拔下,让废酸缓缓流出后,将葫芦状容器洗净,再塞紧塞子,向球形漏斗中加入酸液。需要更换或添加固体药品时,可先把导气管旋塞关好,让酸液压入半球体后,用塞子将球型漏斗上口塞紧,再把装有玻璃旋塞的橡皮塞取下,更换或添加固体药品。

⑥实验结束后,将废酸倒入废液缸内(或回收),剩余固体(如锌粒)倒出洗净回收。仪器洗涤后,在球形漏斗与球形容器连接处以及在液体出口和玻璃塞之间夹一纸条,以免时间过久,磨口黏结一起而拔不出来。

3. 气体钢瓶

如果需要大量气体或者经常使用气体时,可以从压缩气体钢瓶中直接获得气体。为了正确方便地识别气体种类,常将钢瓶漆上不同颜色,标注气体名称和涂刷腰带(表 3-4)。

表 3-4　国内高压气体钢瓶常用标记

气体类别	瓶身颜色	标字颜色	腰带颜色
氮	黑色	黄色	棕色
氧	天蓝色	黑色	
氢	深绿色	红色	红色
空气	黑色	白色	
氨	黄色	黑色	
二氧化碳	黑色	黄色	黄色
氯	草绿色	白色	白色
乙炔	白色	红色	绿色
其他非可燃气体	黑色	黄色	
其他可燃气体	红色	白色	

(二)气体的净化和干燥

实验室制备的气体常常带有酸雾和水汽,为了得到比较纯净的气体,净化和干燥是必要的。酸雾可用水或玻璃棉除去;水汽可用浓硫酸、无水氯化钙或硅胶吸收。液体(如水、浓硫酸等)装在洗气瓶内,无水氯化钙和硅胶装在 U 形管或干燥管(塔)内。

用锌粒与酸作用制备氢气时,由于锌粒中常含有硫、砷等杂质,所以在气体发生过程中常夹杂有硫化氢、砷化氢等气体。净化时先通过高锰酸钾溶液、醋酸铅溶液除去硫化氢、砷化氢和酸雾,再通过装有无水氯化钙的干燥管进行干燥,就可制得纯净和干燥的供实验用的氢气。

$$H_2S + Pb(Ac)_2 = PbS\downarrow + 2HAc$$
$$AsH_3 + 2KMnO_4 = K_2HAsO_4 + Mn_2O_3 + H_2O$$

不同性质的气体应根据具体情况,分别采用不同的洗涤液和干燥剂进行处理(表3-5)。

表 3-5　常用气体的干燥剂

气体	干燥剂	气体	干燥剂
H_2	$CaCl_2$,P_2O_5,H_2SO_4(浓)	H_2S	$CaCl_2$
O_2	同上	NH_3	CaO 或 CaO 同 KOH 混合物
Cl_2	$CaCl_2$	NO	$Ca(NO_3)_2$
N_2	H_2SO_4(浓),$CaCl_2$,P_2O_5	HCl	$CaCl_2$
O_3	$CaCl_2$	HBr	$CaBr_2$
CO	H_2SO_4(浓),$CaCl_2$,P_2O_5	HI	CaI_2
CO_2	同上	SO_2	H_2SO_4(浓),$CaCl_2$,P_2O_5

(三)气体的收集

根据所收集不同气体的物理化学性质,采用不同的收集方法(表3-6)。

表 3-6　气体收集方法

收集方法	实验装置	适用气体	注意事项
排水集气法		难溶于水的气体,如氢气、氧气、氮气、一氧化碳、甲烷、乙烯等	集气瓶装满水不要有气泡;停止收集时,先拔导管或移开水槽,后停止气体发生

续表

收集方法		实验装置	适用气体	注意事项
排气集气法	瓶口向下	气体 →	比空气轻的气体，如氨等	集气导管尽量接近集气瓶底；不适用密度与空气接近或易氧化的气体
	瓶口向上	气体 ←	比空气重的气体，如氯化氢、氯气、二氧化碳、二氧化硫等	

八、试剂的分类与取用

（一）化学试剂的分类

化学试剂的纯度级别和性质，一般在标签的左上方用符号注明，规格则在标签的右端，用不同颜色的标签加以区别。

根据化学试剂中杂质含量的多少，通常把试剂分为五种规格（表3-7）。实验时可按实验的要求选用不同级别的试剂。

表3-7　化学试剂的分类

级别	中文名称	英文符号	标签颜色	适用范围
一级品	优级纯（保证试剂）	G. R.	绿色	精密分析实验
二级品	分析纯（分析试剂）	A. R.	红色	一般分析实验
三级品	化学纯	C. P.	蓝色	一般化学实验
四级品	实验试剂	L. R.	棕或黄色	一般化学实验辅助试剂
五级品	生物试剂生物染色剂	B. R.，C. R.	黄色或其他色	生物化学及医用化学实验

(二)试剂的取用

(1)在实验准备室中分装化学试剂时,一般把固体试剂装在广口瓶中,液体试剂或配制成的溶剂则盛放在细口瓶或带有滴管的滴瓶中,见光易分解的试剂(如硝酸银等)则应盛放在棕色瓶内。每一试剂瓶上都贴有标签,上面写明试剂的名称、规格或浓度(溶液)以及日期。在标签外面涂一层蜡来保护它。

(2)取用试剂药品前,应看清标签。取用时,先打开瓶塞,反放在实验台上。如果瓶塞上端不是平顶的,可用食指和中指将瓶塞夹住,绝不能将它横置桌上以免污染。不能用手接触试剂。取完试剂后,一定要把瓶塞盖严,绝不能张冠李戴。

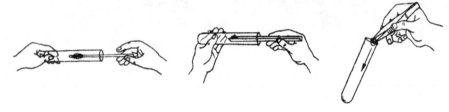

图 3-32 固体试剂的取用

(3)固体试剂的取用规则(图 3-32):①要用清洁、干燥的药匙取用。用过的药匙必须洗净和擦干后才能再使用。应专匙专用。②称量固体试剂时,必须注意不要取多。取多的药品,不能倒回原瓶,可放在指定容器中供他人用。③往试管中加入固体试剂时,可用药匙或将取出的药品放在对折的纸片上,深入试管约 2/3 处。加入块状固体时,如果固体的颗粒较

固体试剂的取用

大,可在清洁而干燥的研钵中研碎(研钵内所盛固体量不得超过研钵容量的1/3),将试管倾斜,使试剂沿管壁慢慢滑下,以免碰破管底。④有毒药品要在教师指导下取用。

(4)液体试剂的取用规则(图 3-33):

①取用较大量的液体试剂时,可直接从试剂瓶中倾出。先将瓶塞取下,反放在桌面上,右手握住试剂瓶上贴标签的一面,以瓶口靠住容器壁,缓缓倾出所需液体,让液体沿着器壁往下流。若所用容器为烧杯,则倾注液体时可用玻璃棒。注入所需量后,将试剂瓶口在容器或玻璃棒上靠一下,再慢慢竖起瓶子,以免遗留在瓶口的液滴流到瓶的外壁。

液体试剂的取用

②从滴瓶中取用液体试剂时,要用滴瓶中的滴管。吸取试剂时,先用手指捏紧滴管上部的乳胶帽,再把滴管伸入试剂瓶中吸取试剂。往试管中滴加试剂时,

滴管必须保持垂直,滴管的尖端不可接触承接溶液的内壁,更不能插到其他溶液里,也不能把滴管放在原滴瓶以外的任何地方,以免杂质玷污。滴管不能平握或倒立,否则试剂会流入乳胶帽而污染滴瓶试剂。

　③在试管里进行某种试验时,取试剂不需要准确用量,只要学会估计取用液体的量即可。例如:用滴管取用液体,一般20～25滴为1 mL。切勿使滴管伸入试管中。倒入试管中溶液的量一般不超过其容积的1/3。

　④定量取用液体试剂,一般使用量筒、移液管(吸量管)等。

图 3-33　液体试剂的取用

九、实验室"三废"的处理

根据绿色化学的基本原则,化学实验室应尽可能选择对环境无毒无害的实验项目。对确实无法避免排放出废气、废液、废渣(俗称"三废"),如不加处理任意排放,不仅污染周围空气、水源和环境,造成公害,而且"三废"中的有用和贵重成分不能回收,造成原料浪费。因此重视化学实验室"三废"的处理是非常重要而有意义的。

化学实验室的环境保护应该规范化、制度化,应对每次产生的废气、废液、废渣按照国家要求的排放标准进行处理。用过的酸类、碱类、盐类等废液、废渣倒入各自的回收容器内,再根据各类废弃物的特性,采取中和、燃烧、回收利用等方法进行处理。

(一)废气的处理

实验室里凡可能产生有害气体的操作都应在通风装置中进行,如加热酸、碱溶液及产生少量有毒气体的实验应在通风橱内进行。汞的操作更应在通风良好的装置中进行,且通风口应在墙的下部。实验室若排放毒性大且较多的气体,可参考工业废气处理办法,在排放前采用吸附、吸收、氧化、分解等方法进行处理。

（二）废液的处理

(1)实验室中的废液通常是大量的废酸液。废酸缸中废酸液可先用耐酸塑料网纱或玻璃纤维过滤,滤液加碱中和,调 pH 值至 6~8 就可排出。

(2)实验室中的废铬酸洗液,可以用高锰酸钾氧化法使其再生,继续使用。(氧化方法:先在 110℃~130℃下不断搅拌加热浓缩,除去水分后,冷却至室温,缓缓加入高锰酸钾粉末。每 1 000 mL 加入 10 g 左右,直至溶液呈深褐色或微紫色。稍冷,通过玻璃砂芯漏斗过滤,除去沉淀;冷却后析出红色 CrO_3 沉淀,再加适量硫酸使其溶解即可使用)少量的废液可加入废碱或石灰石使其生成 $Cr(OH)_3$ 沉淀,将此废渣埋于地下(指定地点)。

(3)氰化物是剧毒物质,含氰废液必须认真处理。少量的含氰废液可先加 NaOH 调至 pH>10,再加入几克高锰酸钾使 CN^- 氧化分解。量大的含氰废液可用碱性氯化法处理。先用碱调至 pH>10,再加入次氯酸钠,使 CN^- 氧化分解为 CO_2 和 N_2。

(4)含汞盐废液应先调 pH 至 8~10,然后加适当过量的 Na_2S,使之生成 HgS 沉淀,并加 $FeSO_4$ 生成沉淀,从而吸附 HgS。静置后分离,再离心、过滤;清液含汞量可降到 $0.02\ mg \cdot L^{-1}$ 以下排放。少量残渣可埋于地下,大量残渣可用焙烧法回收汞,但要注意一定要在通风橱内进行。

(5)重金属离子的废液,最有效和最经济的方法是加碱或加 Na_2S 把重金属离子变成难溶性的氢氧化物或硫化物而沉淀下来,从而过滤分离,少量残渣可埋于地下(指定地点)。

（三）废渣的处理

实验室产生的有害固体废渣虽然不多,但绝不能与生活垃圾混倒。固体废弃物经回收、提取有用物质后,其残渣仍含有多种污染物,应对其进行处理。

(1)化学稳定:对少量高危险性物质(如放射性废弃物),可将其通过物理方法或化学方法进行固化,再深地填埋。

(2)土地填埋:这是许多国家对固体废弃物的最终处理方法。要求被填埋的废弃物应是惰性物质或可经微生物分解(称为无害物质)。填埋场应远离水源,场地底土不透水、不能穿入地下水层。

十、误差和有效数字

化学是一门实验科学,要进行许多定量测定,然后由实验测得的数据经过处理、计算得到分析结果。由于分析方法、测量仪器、所用试剂和分析工作者主观条件等方面的限制,测得的结果不可能和真实结果完全一致;即使是技术很熟练的分析工作者,用同一种方法,对同一种试样进行多次测定,其结果也不会完全一样。这说明误差是客观存在的。因此在进行各项测试工作中,既要掌握各种测定方法,又要对测量结果进行评价。分析测量结果的准确性,误差的大小及其产生的原因,以求不断提高测量结果的准确性。

（一）误差

分析结果与真实值之间的差值称为误差。分析结果大于真实值,误差为正;分析结果小于真实值,误差为负。根据误差的性质和产生的原因,可将误差分为系统误差和偶然误差两类。

1. 系统误差

系统误差也叫可测误差,是测量过程中某种经常性的原因所引起的。这些误差对测量结果的影响比较固定,在同一条件下多次测量时会重复出现,使测量结果偏高或偏低。因此,误差的大小往往可以估计,并可以设法减小或加以校正。

系统误差主要来源于以下几个方面:

（1）方法误差:由分析方法本身造成的误差。例如,在重量分析中,沉淀的溶解损失或吸附某些杂质而产生的误差;在滴定分析中,反应进行不完全,干扰离子的影响,滴定终点和化学计量点的不符合等。

（2）仪器误差:主要是仪器本身不够准确或未经校准所引起的误差。例如,天平、砝码和仪器刻度不够准确。

（3）试剂误差:由试剂或蒸馏水引入一些对测量有干扰的杂质所造成的误差。

（4）操作误差:主要是指在正常操作情况下,由操作人员的主观原因造成的误差。例如,滴定管读数偏高或偏低,对某种颜色的变化辨别不够敏锐等。

2. 偶然误差

偶然误差也叫随机误差,是某些偶然因素（如测定时环境的温度、湿度和气压等外界条件的微小变化,仪器性能的微小波动等）所造成的。其影响有时大,有时小,有时正,有时负,难以观察,也难以控制。但是在同样条件下进行多次测量,则可发现偶然误差的分布完全服从一般的统计规律:

（1）绝对值相等的正误差和负误差出现的机会相等。

（2）绝对值小的误差出现的机会多,而绝对值大的误差出现的机会少。

（3）绝对值特别大的误差出现的机会非常小。

（4）在相同条件下进行多次测量时,随着测量次数的增加,偶然误差的代数和趋于零。

因此,可以通过增加平行测定次数和采用求平均值的方法来减小偶然误差。

此外,有时还可能由于分析工作者的粗心大意,不遵守操作规程,以致造成不应有的过失。例如,溶液溅失、加错试剂、读错刻度、记录和计算错误等。所得实验数据应予以删除。

(二)有效数字

有效数字是实际能够测量到的数字。其最后一位数字是估计的,是不准确的,但也是有效的,其余各位数字都是准确的。记录数据和计算结果时,究竟保留几位数字,需根据测定方法和使用仪器的准确程度来决定。

有效数字与数学上的数字有着不同的含义。有效数字不仅表示量的大小,还表示测量结果的可靠程度,而且反映了所用仪器和实验方法的准确程度。例如,称取"NaCl 6.4 g",有效数字是两位,这不仅说明 NaCl 质量为 6.4 g,而且表明用精度为 0.1 g 的台秤称量就可以了。若需称取"NaCl 6.400 0 g",有效数字是五位,则表明需要在精度为 0.000 1 g 的分析天平上称量。

因此,记录数据时不能随便写,有效数字的位数与仪器的准确度有关,高于或低于仪器准确度的数字都是不恰当的。

1. 确定有效数字位数

确定有效数字应注意以下几点:

(1)记录测量所得数据时,只允许保留一位可疑数字。

(2)"0"在数字中的位置不同,所起的作用也是不同的。"0"在数字前,仅起定位作用,不属于有效数字。如 0.016,数字"1"前面的两个"0"都不算有效数字,该数是两位有效数字。"0"在数字中间,属于有效数字,如 0.500 2 中,"5"后面的两个"0"都是有效数字,该数是四位有效数字。"0"在数字后,属于

有效数字

有效数字。如 0.062 0 中,"2"后面的"0"是有效数字,该数是三位有效数字。

(3)确定有效数字时,若第一位数字等于或大于 8,其有效数字应多算一位,如 0.092 6 g 近似等于 0.100 0 g,故算四位。

(4)以"0"结尾的正整数,有效数字位数不定。如 5 400,其有效数字位数可能是两位、三位、四位,这种情况应根据实际情况改写成指数形式。若为两位,则写成 5.4×10^3。

(5)在所有计算式中的常数,如 π,e 等,乘除因子(如 $\sqrt{2}$,5,1/2 等)有效位数是无限的。

(6)pH,lg$K$ 等对数的有效数字的位数取决于小数部分(尾数)数字的位数。例如,pH=10.20,即 $[H^+]=6.3 \times 10^{-11}$ mol · dm^{-3},其有效数字位数为两位,而不是四位;lg$K$=12.08,即 $K=1.2 \times 10^{12}$,其有效数字位数为两位,而不是四位。

2. 有效数字的修约规则

在处理数据过程中,涉及的各测量值的有效数字位数可能不同,因此需要按

下面所述的修约规则,确定各测量值的有效数字位数,各测量值的有效数字位数精确之后,就要将它后面多余的数字舍弃,舍弃多余数字过程称为"数字修约"过程,它所遵循的规则称为"数字修约规则"。

过去习惯采用"四舍五入"数字规则,由于见五就进,必然会使修约后的测量值系统偏高。现在采用"四舍五入、五后有数就进一,五后无数看单双(四舍六入五成双)"的规则,即逢五有舍有入,这样由五的全入所引起的误差可相互抵消,如:

表 3-8 有效数字的修约规则

修约规则	待修约数字	修约后数字(保留小数点后一位数字)
四舍	12.343 2	12.3
六入	25.464 3	25.5
五后有数要进位	2.052 1	2.1
五后无数看前方前为奇数则进	0.550 0	0.6
前为偶数数则舍	0.650 0	0.6

3. 有效数字的运算规则

(1)加减法:几个数据相加减时,它们的和或差只能保留一位可疑数字,即有效数字的保留以小数点后位数最少的数字为根据(即绝对误差最大的)。

(2)乘除法:几个数据相乘除时,积或商的有效数字的保留应以其中相对误差最大的那个数,即有效数字位数最少的那个数为依据。

第四章　基本操作和原理实验

实验一　常用玻璃仪器的洗涤、干燥和非标准溶液配制

【实验目的】

(1)熟悉无机化学实验室规则和要求。

(2)熟悉无机化学实验所用仪器名称、规格,了解使用注意事项。

(3)学习并练习常用仪器的洗涤和干燥方法。

(4)学习电子天平(电子秤)(± 0.01 g)的使用方法。

(5)学习非标准溶液的配制方法。

【仪器和试剂】

电子天平(电子秤)(± 0.01 g),烧杯,毛刷,玻璃棒,称量瓶,洗瓶,试管,量筒,锥形瓶,去污粉,称量纸;H_2SO_4(浓),HNO_3(2 mol·dm^{-3}),HNO_3(0.1 mol·dm^{-3}),Na_2CO_3固体,$Bi(NO_3)_3$·$5H_2O$固体。

【实验步骤】

(1)学习无机化学实验室的规则和要求。

(2)学习预习报告、实验报告的书写方法。

(3)认识无机化学实验中的常用仪器。

(4)玻璃仪器的洗涤:按照洗涤的要求、污物的性质和玷污的程度来选择合适的洗涤方法。选择合适的方法洗涤表面皿、烧杯、量筒、试管和锥形瓶,洗涤后检查是否符合要求。洗净的玻璃仪器壁透明,其内壁形成均匀水膜,且不挂水珠。凡已洗净的仪器,内壁不能用布或纸擦拭,否则布或纸上的纤维及污物会玷污仪器。

(5)干燥仪器:

①练习在石棉网上用酒精灯小火烘干洗净的 100 mL 烧杯,备用。

②练习加热烘干洗净的试管。

③洗净的试管控干水,用少量乙醇润湿,倒出乙醇,晒干或吹干。

(6)非标准溶液的配制：

①配制 50 mL 0.5 mol·dm⁻³ Na₂CO₃ 溶液：首先计算出所需 Na₂CO₃ 固体的质量，按固体试剂取用规则，在电子天平上称取固体，倒入小烧杯，先加入少量蒸馏水搅拌使其完全溶解，然后加蒸馏水稀释到 50 mL。配制好的溶液倒入带有标签的试剂回收瓶备用。

非标准溶液
的配置

②配制 50 mL 3 mol·dm⁻³ 的硫酸溶液：首先计算出所需浓硫酸的体积，按液体试剂取用规则，量取所需浓硫酸，搅拌下将浓硫酸沿烧杯壁慢慢倒入盛有 25 mL 蒸馏水的烧杯中，然后加蒸馏水稀释到 50 mL。将配制好的溶液冷却至室温后，倒入带有标签的试剂回收瓶备用。

③配制 50 mL 0.02 mol·dm⁻³ 的 Bi(NO₃)₃溶液：首先计算配制溶液所需 Bi(NO₃)₃·5H₂O的质量，按固体试剂取用规则，在电子天平上称取固体，倒入干燥好的小烧杯，加 5 mL 2 mol·dm⁻³ 的硝酸溶液搅拌使其溶解，完全溶解后加0.1 mol·dm⁻³ 的硝酸溶液稀释到 50 mL。将配制好的溶液冷却至室温后，倒入带有标签的试剂回收瓶备用。

【思考题】

(1)如何配制易水解盐的溶液？

(2)带有刻度的计量仪器可否用加热方法干燥？为什么？

(3)去污粉的主要成分是什么？不能用于何种玻璃器皿的洗涤？

实验二　标准溶液的配制

【实验目的】

(1)熟练掌握配制标准溶液的基本方法。

(2)掌握移液管、容量瓶、滴定管的使用方法。

(3)学习滴定操作,学会正确判断滴定终点。

【仪器和试剂】

烧杯(100 mL,500 mL),洗瓶,洗耳球,碱式滴定管,锥形瓶(250 mL),移液管(25 mL 或分刻度的),容量瓶(250 mL),量筒(50 mL),称量瓶,玻璃棒,电子天平(电子秤)(±0.01 g),电子天平(±0.000 1 g);H₂C₂O₄·2H₂O 固体,NaOH 固体,1‰酚酞指示剂。

容量瓶的使用

【实验步骤】

(一)溶液的配制

1. 配制 0.1 mol·dm⁻³的 NaOH 溶液

计算出配制 250 mL 0.1 mol·dm⁻³ NaOH 溶液所需的 NaOH 固体用量,用小烧杯在电子天平(±0.01 g)上称取所需的 NaOH 固体(NaOH 有腐蚀性,不能使用称量纸称量),加少量蒸馏水使其完全溶解,转入 250 mL 大烧杯中,加入蒸馏水稀释至 250 mL,备用。

2. 配制 0.05 mol·dm⁻³的草酸溶液

(1)计算出配制 250 mL 0.05 mol·dm⁻³草酸溶液需要草酸($H_2C_2O_4$·$2H_2O$)的质量。

(2)准确称出草酸质量:用间接称量法称取所需的草酸质量。在电子天平(±0.000 1 g)上先准确称量装有草酸的称量瓶,然后将部分草酸倒入 100 mL 烧杯中,再称出称量瓶的质量。两次质量之差即倒入烧杯中草酸的质量。

(3)配制草酸溶液:用适量去离子水使烧杯中的草酸溶解,将溶液定量转移到 250 mL 容量瓶中,烧杯用少量去离子水洗涤数次,洗涤液要定量转移到容量瓶中,然后加水至刻度,摇匀,计算草酸的浓度。

(二)NaOH 溶液浓度的标定

(1)把洗净的碱式滴定管用已配好的 NaOH 溶液 3~5 mL 润洗 3 次,然后加入 NaOH 溶液,赶走气泡,调节液面在 0.00 刻度。

(2)将洗净的 25 mL 移液管用少量草酸溶液润洗 3 次。

(3)用移液管取 25 mL 标准草酸溶液放入干净的 250 mL 锥形瓶中,加入 2~3 滴酚酞指示剂,摇匀。

(4)用 NaOH 溶液滴定锥形瓶中的草酸,右手持锥形瓶沿同一方向作圆周摇动,使溶液混合均匀。开始滴定时,液体滴出速度可快一点,但应成滴而不成流。碱溶液滴入草酸中溶液局部出现粉红色,随着锥形瓶的摇动很快消失。当接近终点时,颜色消失较慢,这时应逐滴加入溶液,摇匀后由颜色变化再决定是否滴加溶液。当溶液颜色消失很慢时,每次滴入半滴溶液,并用洗瓶冲下摇匀。滴定至溶液的红色在 30 s 内不褪色,即为终点。记下消耗碱液的体积。

(5)再取一份 25 mL 标准草酸溶液重复上述操作,平行滴定至少 3 次,消耗的 NaOH 溶液体积的最大差值不超过±0.04 mL,计算氢氧化钠的浓度。

表 4-1 实验记录

实验序号	1	2	3
$c_{H_2C_2O_4}/mol \cdot dm^{-3}$			
$V_{H_2C_2O_4}/mL$		25.00	
V_{NaOH}/mL			
$c_{NaOH}/mol \cdot dm^{-3}$			
NaOH 溶液平均浓度/mol · dm⁻³			

【思考题】

(1)滴定管和移液管为什么要用被量取溶液润洗？锥形瓶是否要用被量取溶液润洗？

(2)为什么氢氧化钠不能够直接配制成标准溶液？

(3)配制 0.1 mol · dm⁻³ NaOH 溶液时，有的同学用电子天平(±0.01 g)称取固体 NaOH，有的则用电子天平(±0.000 1 g)称取，哪一种方法正确？

(4)在滴定前，往盛有待滴定液的锥形瓶中加入一些蒸馏水，对滴定有无影响？

(5)滴定完后，如果尖嘴内有气泡，对滴定结果有何影响？

(6)接近滴定终点时，为什么要用去离子水冲洗锥形瓶内壁？

实验三 密度的测定

【实验目的】

(1)熟练电子天平(±0.000 1 g)的使用。

(2)学习液体和固体密度的测定方法。

【实验原理】

1. 密度的定义

密度为单位体积内物质的质量，用公式 $\rho = \dfrac{m}{V}$ 表示。可以根据密度大小鉴定化合物的纯度和区别组成相似而密度不同的化合物。

物质的密度与物质的本性有关，且受外界条件(温度和压力等)的影响。压力对固体、液体密度的影响可以忽略不计，但温度对密度的影响却不能忽略。因此，在表示密度时应同时注明温度。

一定条件下，物质的密度与某种参考物的密度之比称为相对密度，通过参考物质的密度,可以将相对密度换算成密度。

2. 小块固体密度的测定

根据密度定义若测得物体的质量为 m 和 V,就可以得出 ρ。而对于不规则体积 V 物体,可以采用下述方法测定:

取已知密度(ρ_0)的液体,用分析天平精确测定与待测物体体积 V 相同体积液体的质量(m_0),则可以利用公式(1)计算待测固体密度。

$$\rho = \frac{m}{V} = \frac{m}{V_0} = \frac{m}{m_0}\rho_0 \tag{1}$$

测量时使用比重瓶,为了保证瓶中的容积固定,比重瓶的磨口瓶塞中间带有毛细管(如图 4-1 所示),使用时,用移液管注入液体到瓶口,用塞子塞紧,多余的液体就会通过毛细管流出来,这样可以保证比重瓶的容积是固定的。

先准确测得空比重瓶质量(m_1),然后把待测小块固体放入比重瓶,测得装有小块固体比重瓶的质量(m_2),则小块固体的质量(m)可由二者相减得到。

$$m = m_2 - m_1 \tag{2}$$

图 4-1　比重瓶

然后将比重瓶内注满已知密度 ρ_0 的某种液体(该液体与待测固体不起化学作用,但能润湿待测固体;由于水在不同温度下的密度很容易在常数表中查到,所以常被使用),轻轻摇动比重瓶赶走瓶内气泡,盖上瓶塞,用滤纸吸去比重瓶上毛细管口溢出的液体,称其(瓶+非满瓶水+小块固体)质量 m_4;将固体颗粒倒入回收瓶,液体倒掉,然后再向比重瓶内装满上述液体,赶走气泡,盖上瓶塞,用滤纸吸去比重瓶塞子毛细管口溢出的液体,最后称其(瓶+满瓶水)质量 m_3。将待测物体放入盛满水的比重瓶中,则必须排出 $V \text{cm}^3$ 的水,则 V 体积液体的质量为:

$$m_0 = m_3 + m - m_4 = m_3 + m_2 - m_1 - m_4 \tag{3}$$

最后固体密度 ρ 可由式(4)计算:

$$\rho = \frac{m_2 - m_1}{m_3 + m_2 - m_1 - m_4}\rho_0 \tag{4}$$

整个实验过程中,需要保持温度不变,因为 ρ_0 与温度有关,而且温度变化会引起玻璃的膨胀(或缩小)而使比重瓶的体积发生变化。

3. 液体密度的测定

取一洁净的 10 mL 容量瓶在电子天平上准确称得其质量 m_5,然后注入待测液体至容量瓶刻度,再称其质量 m_6(切记称量时,一定要塞好容量瓶的盖子),将两次质量之差除以 10.00 mL,即得待测液体密度。

【仪器试剂】

比重瓶、电子天平(±0.000 1 g);无水乙醇、丙酮、锌粒、水(室温下放置 1 天以上)。

【实验步骤】

1. 小块固体(锌粒)密度的测定

(1)检查、调整电子天平。

(2)测出空比重瓶的质量为 m_1,注意空瓶必须保持干燥。

(3)把干净的锌粒装入比重瓶内约半瓶,测 m_2,注意不能用手直接接触锌粒和比重瓶。

(4)用移液管将温室的蒸馏水注入比重瓶,并用细铜丝伸入瓶内轻轻搅动,以赶走附着于锌粒表面的气泡,盖紧瓶塞,使水充满到瓶塞顶端。用镊子夹住瓶颈(这时更不能用手握瓶),用吸水纸吸干溢到瓶外的水,特别注意擦去瓶口与塞子间隙的水,测 m_4。

(5)将比重瓶中的锌粒倒出,重新装满温室的蒸馏水,盖紧瓶塞,使水充满到瓶塞顶端与(4)位置相同,测 m_3。

(6)实验前后记下室温,取平均值,查出该温度下水的密度 ρ_0,并计算锌粒 ρ。

2. 液体(无水乙醇、丙酮)密度的测定

取一洁净的 10 mL 容量瓶在电子天平上准确称量其质量 m_5,然后注入待测液体无水乙醇至容量瓶刻度,再称其质量 m_6(切记称量时一定要塞好容量瓶的盖子),将两次质量之差除以 10.00 mL,即得无水乙醇在室温下的密度,用同样的方法可测得丙酮的密度。

【思考题】

1. 影响该方法测量 ρ 准确性的因素有哪些?

2. 以下情况会使测量结果 ρ 偏大还是偏小?

(1)测 m_1 时比重瓶不干燥;

(2)测 m_0 时比重瓶外有水没擦干;

(3)测 m_4 时,瓶内有小气泡。

实验四　二氧化碳相对分子质量的测定

【实验目的】

(1)掌握气体密度法测定二氧化碳相对分子质量的原理和方法。

(2)熟悉气体发生装置的组装、使用和气体净化、干燥方法。

(3)了解误差概念,学习实验结果误差的分析。

【实验原理】

根据理想气体状态方程 $pV=nRT=\dfrac{m}{M}RT$,$n=\dfrac{m}{M}=\dfrac{pV}{RT}$,即同温同压下同体积的不同气体所含物质的量相同,所以只要在相同温度和压力下,测定相同体积的两种气体的质量,其中一种气体的分子量已知,即可求得另一种气体的分子量。

若将二氧化碳与空气均看做理想气体,在同温同压下相同体积的二氧化碳与空气(其平均分子量为 29.0)所含物质的量也应相同,即 $n_{CO_2}=n_{空气}$,所以

$$\frac{m_{CO_2}}{M_{CO_2}}=\frac{m_{空气}}{M_{空气}}=pV/RT \tag{A}$$

$$M_{CO_2}=\frac{m_{CO_2}}{m_{空气}}\times 29.0 \tag{B}$$

式中,m_{CO_2} 为二氧化碳气体的质量,可称量测得。

$m_{空气}$ 为空气的质量,可通过下式计算。

$$m_{空气}=M_{空气}\times pV/RT \tag{C}$$

(C)式中,p 为实验条件下的大气压强,可由气压计读出。

T 为实验温度,可由温度计读出。

V 为盛装 CO_2 的容器的容积。可由下式求出

$$V=m_{水}/\rho_{水}\approx(m_{水}-m_{空气})/1.00$$

为了提高测得的二氧化碳气体质量的准确性,要求测试用的二氧化碳气体纯净、干燥,所收集的二氧化碳气体体积必须与上式中的 V 相等。

【仪器和试剂】

磨口锥形瓶,启普发生器,洗气瓶,铁架台,干燥管,电子天平($\pm 0.000\ 1$ g);石灰石,稀盐酸,饱和 $NaHCO_3$ 溶液,$CuSO_4$ 溶液,熟石灰,无水 $CaCl_2$。

【实验步骤】

1. 二氧化碳的制备、净化、干燥与收集

装配好二氧化碳气体发生与净化装置(图 4-2),石灰石与盐酸在气体发生器中反应生成 CO_2 气体,通过装有硫酸铜和 $NaHCO_3$ 洗气瓶以及无水氯化钙的干燥管除去硫化氢、酸雾和水,导出的气体即为干燥的纯净的 CO_2 气体。

2. 称量

(1)$m_{空气+瓶+塞子}$:取一洁净而干燥的锥形瓶,选一个合适的橡皮塞紧瓶口,在塞子上做一个记号,以标出塞子塞入瓶内的位置,在电子天平上称量。

（2）$m_{二氧化碳+瓶+塞子}$：从启普发生器产生的二氧化碳气体,经过水、浓硫酸、无水 $CaCl_2$ 和玻璃毛的洗涤和干燥后,导入锥形瓶内。因为二氧化碳的密度大于空气,所以必须把导管插入瓶底,才能把瓶内的空气赶尽,等 $1\sim2$ min 后,缓慢取出导管,用塞子塞紧瓶口(塞子塞入瓶口的位置应与上次一样),在分析天平上称。重复收集二氧化碳气体和称重的操作,直至前后两次的质量相差不超过 1 mg 为止。

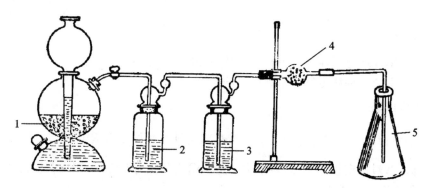

1—石灰石＋稀盐酸；2—$CuSO_4$ 溶液；3—$NaHCO_3$ 溶液；

4—无水 $CaCl_2$；5—锥形瓶(收集气体)

图 4-2　二氧化碳气体发生与净化装置示意图

（3）$m_{水+瓶+塞子}$：在瓶内装满水,塞紧塞子(塞子的位置与前一次一样),在电子天平上称重。记下室温和大气压。

【数据的记录及处理】

记录和计算数据在表 4-2 中。

表 4-2　数据的记录及处理

项目	实验数据	数据处理	
室温/℃		依据	计算结果
大气压/Pa		锥形瓶的容积(mL)　$V=(m_3-m_1)/\rho$	
空气＋瓶＋塞的质量(m_1,g)		CO_2 气体质量(g)　$m_{CO_2}=(m_2-m_1)+m_{空气}$	
CO_2＋瓶＋塞的质量(m_2,g)		CO_2 分子量　$M_{CO_2}=29.0\times m_{CO_2}/m_{空气}$	
H_2O＋瓶＋塞的质量(m_3,g)		绝对误差　$E=(M_{CO_2}-44.01)$	

【思考题】

(1)为什么橡皮塞塞入瓶口的位置需要固定?

(2)用气体密度法还可以测定其他什么气体的分子量?

实验五 气体常数的测定

【实验目的】

(1)掌握理想气体状态方程和分压定律的应用。

(2)学会一种测定气体常数的方法。

【实验原理】

根据理想气体状态方程式 $pV=nRT$,可计算气体常数 $R=\dfrac{pV}{nT}$。

因此,对一定量的气体,若能在一定的温度和压力条件下,测出其所占体积,则气体常数即可求得。

本实验通过金属镁与稀硫酸反应置换出氢气来测定 R 的数值。准确称取一定质量的镁条,使之与过量的稀硫酸作用,在一定温度和压力下测出被置换出来氢气的体积 V_{H_2},氢气的物质的量 n_{H_2} 可由反应镁条的质量求得。由于产生的氢气被水饱和,故氢气的分压 p_{H_2} 可以根据分压定律求得,即:

$$p=p_{H_2}+p_{H_2O} \qquad 则:p_{H_2}=p-p_{H_2O}$$

式中,p 为大气压,可由气压计读出。

利用此法也可测定一定温度和标准压力下,气体的摩尔体积和金属的摩尔质量等。

【仪器和试剂】

电子天平(±0.0001 g),气压计,精密温度计,量筒(10 mL),产生和测定氢气体积的装置;H_2SO_4(2 mol·dm^{-3}),镁条。

【实验步骤】

(1)准确称取 3 份已擦去表面氧化膜的镁条,镁条质量为 0.0025~0.03 g(精确至 0.0001 g,镁条不要过重,以免产生的氢气的体积超过量气管的测量限度),记录镁条的质量。

(2)按图 4-3 将实验装置连接好,打开反应试管 3 的胶塞,由液面调节漏斗往量气管 1 内装水至略低于 0 刻度位置,上下移动漏斗,以赶尽附着于胶管和量气管内壁的气泡。然后将试管 3 接上并塞紧塞子。

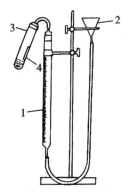

1—量气管；2—漏斗；3—试管（反应器）；4—镁条

图 4-3　气体常数测定装置

（3）检查装置的气密性，将液面调节漏斗下移一段距离，此时可见量气管的液面稍有下降，但下降一小段就不再下降。继续观察 3～5 min，确认液面不再下降，说明实验装置不漏气，可以继续下面操作。（若液面继续下降，说明实验装置漏气，应检查和调整各连接处的严密性，再重复试验，直至不漏气方能继续下面操作。）

（4）将液面调节漏斗 2 上移回原位，取下试管 3，将镁条蘸少量水，用玻璃棒沿试管壁将其送入试管，贴于试管壁一边合适的位置上，确保既不与酸接触又不触及试管塞。然后用小量筒小心沿试管的另一边注入 4 mL 2 mol·dm⁻³硫酸，注意切勿玷污镁条一边的管壁。将试管与胶塞紧密连接，检查量气管内液面是否处于 0 刻度以下，并再次检查实验装置的气密性。

（5）将调节漏斗 2 靠近量气管右侧，调节漏斗的高度，使之与量气管的液面在同一水平面上，记录此时的量气管液面刻度读数 V_1。将试管 3 底部略微提高，使酸液接触镁条，这时反应生成的氢气进入量气管中，管中的水被压入右侧调节管内。为避免量气管内压力过大，要随时将漏斗慢慢向下移动，使量气管内液面和漏斗中液面基本在同一平面上，以防止量气管中气体压力过高，而使气体漏出。

（6）反应停止后，待试管 3 冷却到室温，调节反应试管 3 和调节漏斗 2，使两个液面处于同一水平面上，读取此时量气管液面刻度读数 V_2。1～2 min 后，再记录液面位置，直至两次读书一致，即表明管内气体温度已与室温相同。测量并记录实验温度 T 和大气压 p 取下反应管 3，洗净后换另一片镁条，重复实验两次。

【数据记录及结果讨论】

数据记录及处理记入表 4-3。

表 4-3　数据记录及处理

实验编号	1	2	3
镁条的质量/g			
反应前量气管中水面读数/mL			
反应后量气管中水面读数/mL			
室温/℃			
大气压/Pa			
氢气体积/L			
室温时水的饱和蒸气压/Pa			
氢气分压/Pa			
氢气的物质的量/mol			
气体常数/J·mol^{-1}·K^{-1}			
相对误差			

【思考题】

(1)为什么必须检查实验装置是否漏气? 检查实验装置是否漏气的原理是什么?

(2)实验测得的气体常数应有几位有效数字?

(3)本实验产生误差的主要原因是什么?

实验六　溶解度的测定

【实验目的】

(1)掌握用析晶法测定易溶盐溶解度的方法。

(2)学习绘制溶解度-温度曲线。

【实验原理】

在一定温度和压力下,一定量的饱和溶液中溶解的溶质的量称为该溶质的溶解度。一般情况下,固体的溶解度是用 100 g 溶剂中能溶解的溶质的最大质量数(g)表示。固体物质在水中或多或少的溶解,绝对不溶的物质是没有的。在室温下某物质在 100 g 水中能溶解 10 g 以上的叫易溶物质;溶解度在 1~10 g

之间的叫做可溶物质;溶解度在 0.01~1 g 之间的叫做微溶物质;溶解度不到 0.01 g 叫做难溶物质。影响盐类在水中溶解度的主要外界因素是温度,盐类物质的溶解度一般是随温度升高而增加的,个别盐则反之。

测定易溶盐溶解度的方法有析晶法和溶质质量法。溶质质量法是固定温度,测定该温度下的饱和溶液中所含溶质(某物质)的质量,从而计算出这个温度下的某物质的溶解度。析晶法是固定溶质(某物质)和溶剂二者的质量,测定溶液处于饱和状态——开始析出结晶时的温度,从而计算出所测温度下的某物质的溶解度。溶质质量法控制恒温比较困难,而且溶液转移时易损失使测定不准,因此,现在采用析晶法(其溶液为无色或浅色时较好)为多。测定微溶或难溶盐溶解度的方法可用离子交换法、电导法、分光光度法及荧光光度法等。

本实验采用析晶法测定易溶盐硝酸钾的溶解度。在一定量的水中,溶入一定量盐使成不饱和溶液,当溶液缓缓降温并开始析出晶体(溶液成为饱和状态)的同时测出溶液的温度,即可计算出在该温度下的 100 g 水中,溶液达饱和所需要盐的最大质量(g),即是这种盐在该温度下的溶解度。

【仪器和试剂】

温度计,试管,电子天平(电子秤)(± 0.01 g),水浴锅,量筒(10 mL),烧杯(25 mL);硝酸钾,蒸馏水。

【实验步骤】

(1)在电子天平(电子秤)(± 0.01 g)上分别称取硝酸钾 5.00 g,1.50 g,1.50 g,2.00 g 和 2.50 g 备用。

(2)先加入 10 mL 蒸馏水于 25 mL 烧杯中,再加入 5.00 g 硝酸钾,在水浴中加热,用玻璃棒边加热边搅拌至完全溶解。

(3)自水浴中拿出烧杯,插入一支干净的温度计,一边用玻璃棒轻轻搅拌并摩擦管壁,同时观察温度计的读数,当开始有晶体析出时,立即读数并作记录(T_1)。

(4)把烧杯再放入水浴中加热使晶体全部溶解,然后重复上述(3)的操作,再测定开始析出晶体的温度(T_2),对比两次读数,两次温度差应不超过 0.5℃,计算温度的平均值(T)。

(5)向烧杯中再加 1.50 g 硝酸钾(烧杯中共有硝酸钾为 6.50 g),水浴加热溶解然后重复上述(3),(4)的操作。

(6)依次再加入 1.50 g,2.00 g 和 2.50 g 硝酸钾(即烧杯中硝酸钾的量依次为 8.00 g,10.00 g,12.50 g),水浴加热溶解,并依(3)、(4)步骤测得开始析出晶体的温度。温度计不要洗涤,因为析晶需要晶种。

另外,如果实验中水蒸发严重,可考虑分两组进行实验数据测定。

【数据记录及结果处理】

(1)计算硝酸钾在不同温度下的溶解度。

表 4-4　不同温度下硝酸钾的溶解度

试管中硝酸钾的依次加入量/g		5.00	1.50	1.50	2.00	2.50
试管中硝酸钾的总量/g		5.00	6.50	8.00	10.00	12.50
开始析出晶体温度/℃	T_1					
	T_2					
	平均温度 T					
溶解度						

(2)根据所得数据,以温度为横坐标,溶解度为纵坐标,绘制出溶解度曲线图。从图上可以清楚地反映出溶解度和温度的密切关系。

【思考题】

(1)当测定带结晶水的物质的溶解度时,溶解过程生成水或消耗水时又如何计算?

(2)在用析晶法测定易溶盐的溶解度时,为什么说一定要把握好刚刚析出晶体的时刻? 为什么当析出的晶体含有结晶水时更是如此?

实验七　粗食盐的提纯

【实验目的】

(1)掌握氯化钠的提纯方法和基本原理。

(2)练习溶解、过滤、蒸发、结晶等基本操作。

(3)了解 Ca^{2+},Mg^{2+},SO_4^{2-} 离子的定性鉴定方法。

【实验原理】

粗食盐中含有不溶性杂质(如泥沙等)和可溶性杂质(主要是 Ca^{2+},Mg^{2+},K^+,SO_4^{2-} 等),不溶性杂质粗食盐溶解后可过滤除去,可溶性杂质则要用化学沉淀方法除去。处理的方法是:在粗食盐溶液中加入稍过量的 $BaCl_2$ 溶液,溶液中的 SO_4^{2-} 便转化为难溶解的 $BaSO_4$ 沉淀而除去。

$$Ba^{2+}+SO_4^{2-}=BaSO_4\downarrow$$

将溶液过滤,除去 $BaSO_4$ 沉淀。再在溶液中加入 $NaOH$ 和 Na_2CO_3 的混合溶液,Ca^{2+},Mg^{2+} 及过量的 Ba^{2+} 便生成沉淀。

$$Ca^{2+}+CO_3^{2-}=CaCO_3\downarrow$$
$$Ba^{2+}+CO_3^{2-}=BaCO_3\downarrow$$
$$2Mg^{2+}+2OH^-+CO_3^{2-}=Mg_2(OH)_2CO_3\downarrow$$

过滤后 Ba^{2+} 和 Ca^{2+}，Mg^{2+} 都已除去，然后用 HCl 将溶液调至微酸性以中和 OH^- 和除去 CO_3^{2-}。

$$OH^-+H^+=H_2O$$
$$CO_3^{2-}+2H^+=CO_2+H_2O$$

少量的可溶性杂质(如 KCl)，由于含量少，溶解度又很大，在最后的浓缩结晶过程中，绝大部分仍留在母液中而与氯化钠分离。

【仪器和试剂】

烧杯(100 mL)，量筒(100 mL)，吸滤瓶，布氏漏斗，研钵，三脚架，石棉网，电子天平(电子秤)(±0.01 g)，表面皿，蒸发皿，普通漏斗；盐酸(3 mol·dm^{-3})，BaCl$_2$(1 mol·dm^{-3})，NaOH(2 mol·dm^{-3})，Na$_2$CO$_3$(1 mol·dm^{-3})，(NH$_4$)$_2$C$_2$O$_4$(饱和)，镁试剂，粗食盐。

研钵的使用

【实验步骤】

(1)粗食盐的溶解及不溶解杂质和 SO_4^{2-} 的去除。称取 7.50 g 粗食盐放入 100 mL 的烧杯中，加入 30 mL 水，加热、搅拌使其溶解，继续加热近沸腾，一边搅拌一边滴加 1.5～2 mL 1 mol·dm^{-3} 的 BaCl$_2$ 溶液，直至 SO_4^{2-} 沉淀完全为止。为了检验沉淀是否完全，可将酒精灯移去，停止搅拌，待沉淀沉降后，沿烧杯壁滴加 1 或 2 滴 BaCl$_2$ 溶液，观察是否有沉淀生成。如无浑浊，说明 SO_4^{2-} 已沉淀完全；如有浑浊，则继续滴 1 mol·dm^{-3} 的 BaCl$_2$ 溶液，直到沉淀完全为止。沉淀完全后再继续加热几分钟，过滤，保留溶液，弃去 BaSO$_4$ 及原来的不溶性杂质。

(2)除去 Ca^{2+}，Mg^{2+} 和过量的 Ba^{2+}。将滤液转移至另一干净的烧杯中，在加热至接近沸腾的情况下，边搅拌边滴加 1 mL 2 mol·dm^{-3} NaOH 溶液，并滴加 4～5 mL 1 mol·dm^{-3} Na$_2$CO$_3$ 溶液至沉淀完全为止，过滤，弃去沉淀。

(3)除去剩余的 CO_3^{2-} 和 K^+。将滤液转移至蒸发皿中，用 6 mol·dm^{-3} 盐酸将溶液 pH 值调至 4～5，用小火加热浓缩蒸发，同时不断搅拌，直至溶液表面形成厚层晶膜，所得浊液冷却，减压过滤。用少量蒸馏水淋洗晶体，抽干。将晶体转移至蒸发皿中，在石棉网上用小火烘炒，用玻璃棒不断翻动，防止结块。在无水蒸气逸出后，改用大火烘炒几分钟，即得到洁白而松散的 NaCl 晶体。冷却，称重，计算产率。

(4)产品的纯度检验。取粗盐和提纯所得精盐各 0.50 g，分别溶入 5 mL 的蒸馏水中,用下面的方法比较二者的纯度并写出相应反应方程式。

①分别取上述溶液 1 mL 于两试管中,用 3 mol·dm⁻³盐酸溶液酸化后,加入 3 滴 1 mol·dm⁻³ BaCl₂溶液,观察和比较两溶液中的现象。

②分别取上述溶液 1 mL 于试管中,用 2 mol·dm⁻³ HAc 溶液酸化后,分别加入 2 滴饱和(NH₄)₂C₂O₄溶液,观察和比较两溶液中的现象。

③分别取上述溶液 1 mL 于试管中,加入 2 mol·dm⁻³ NaOH 溶液使其呈碱性,再加入 3 滴镁试剂,观察和比较两溶液中的现象。

【思考题】

(1)粗食盐提纯过程有哪些基本操作?

(2)能否加入 Na_2CO_3 溶液除去 Ca^{2+} 和 Mg^{2+}? 为什么?

(3)分析实验产率过高或过低的原因。

实验八 化学反应速率与活化能

一、过二硫酸铵与碘化钾的反应速率与活化能的测定

【实验目的】

(1)了解浓度、温度和催化剂对反应速率的影响。

(2)测定过二硫酸铵与碘化钾的反应速率,并计算反应级数、反应速率常数和反应的活化能。

(3)学习作图法处理实验数据。

【实验原理】

在水溶液中,过二硫酸铵和碘化钾发生如下反应:

$$(NH_4)_2S_2O_8 + 3KI = (NH_4)_2SO_4 + K_2SO_4 + KI_3$$
$$S_2O_8^{2-} + 3I^- = 2SO_4^{2-} + I_3^- \qquad (1)$$

其反应的速率方程可表示为:

$$v = k[S_2O_8^{2-}]^m[I^-]^n$$

式中,$[S_2O_8^{2-}]$、$[I^-]$若代表起始浓度,则 v 表示初速率(v_0);k 是反应速率常数,$(m+n)$为该反应的反应级数。

实验能测得的速率是在一段时间间隔(Δt)内反应的平均速率 $\bar{v}$。如果在 Δt 时间内 $S_2O_8^{2-}$ 浓度的变化为 $\Delta[S_2O_8^{2-}]$,则平均速率

$$\bar{v} = \frac{-\Delta[S_2O_8^{2-}]}{\Delta t}$$

若 Δt 较小,可近似地用平均速率代替初速率:

$$v_0 = k[S_2O_8^{2-}]^m[I^-]^n = \frac{-\Delta[S_2O_8^{2-}]}{\Delta t}$$

为了能够测出反应在 Δt 时间内 $S_2O_8^{2-}$ 浓度的改变值,需要在混合$(NH_4)_2S_2O_8$ 和 KI 溶液的同时,加入一定体积已知浓度的 $Na_2S_2O_3$ 溶液和淀粉溶液,这样在反应(1)进行的同时还进行下面的反应:

$$2S_2O_3^{2-} + I_3^- = S_4O_6^{2-} + 3I^- \qquad (2)$$

这个反应进行得非常快,几乎瞬间完成,而反应(1)比反应(2)慢得多。因此,由反应(1)生成的 I_3^- 立即与 $S_2O_3^{2-}$ 反应,生成无色的 $S_4O_6^{2-}$ 和 I^-。所以在反应的开始阶段看不到碘与淀粉反应而显示的特有蓝色。但是一旦 $Na_2S_2O_3$ 耗尽,反应(1)继续生成的 I_3^- 就与淀粉反应而呈现出特有的蓝色。

由于从反应开始到蓝色出现标志着 $S_2O_3^{2-}$ 全部耗尽,所以从反应开始到出现蓝色这段时间 Δt 内,$S_2O_3^{2-}$ 浓度的改变 $\Delta c_{S_2O_3^{2-}}$ 实际上就是 $Na_2S_2O_3$ 的起始浓度。

再从反应式(1)和(2)可以看出,$S_2O_8^{2-}$ 减少的量为 $S_2O_3^{2-}$ 减少量的一半,所以 $S_2O_8^{2-}$ 在 Δt 时间内减少的量可以从下式求得

$$\Delta[S_2O_8^{2-}] = \frac{c_{S_2O_3^{2-}}}{2}$$

实验中,通过改变反应物 $S_2O_8^{2-}$ 和 I^- 的初始浓度,测定消耗等量的 $S_2O_3^{2-}$ 的物质的量浓度 $\Delta c_{S_2O_3^{2-}}$ 所需要的不同的时间间隔(Δt),计算得到反应物不同初始浓度的初速率,进而确定该反应的速率方程和反应速率常数。

【仪器和试剂】

烧杯,量筒,玻璃棒,秒表,温度计;$(NH_4)_2S_2O_8$(0.20 mol·dm^{-3}),KI(0.20 mol·dm^{-3}),Cu$(NO_3)_2$(0.02 mol·dm^{-3}),0.4%淀粉溶液,$Na_2S_2O_3$(0.010 mol·dm^{-3}),KNO$_3$(0.20 mol·dm^{-3}),$(NH_4)_2SO_4$(0.20 mol·dm^{-3})。

【实验步骤】

1. 浓度对化学反应速率的影响

在室温条件下进行表 4-5 中编号 Ⅰ 的实验。用量筒分别量取 20.0 mL 0.20 mol·dm^{-3}KI溶液、8.0 mL 0.010 mol·dm^{-3}Na$_2$S$_2$O$_3$溶液和 2.0 mL 0.4%淀粉溶液,全部加入烧杯中,混合均匀。再用另一量筒量取 20.0 mL 0.20 mol·L^{-1}$(NH_4)_2S_2O_8$溶液,迅速倒入上述混合液中,同时开启秒表,并用玻璃棒不断搅拌,注意溶液颜色变化。当溶液刚出现蓝色时,立即按停秒表,记录反应时间和室温。

用同样方法按照表 4-5 的用量进行编号 Ⅱ,Ⅲ,Ⅳ,Ⅴ,Ⅵ,Ⅶ的实验。

表4-5　浓度对化学反应速率的影响　　室温：_____

实验编号		I	II	III	IV	V	VI	VII
试剂用量/mL	$0.20\ mol\cdot dm^{-3}(NH_4)_2S_2O_8$	20.0	15.0	10.0	5.0	20.0	20.0	20.0
	$0.20\ mol\cdot dm^{-3}KI$	20.0	20.0	20.0	20.0	15.0	10.0	5.0
	$0.010\ mol\cdot dm^{-3}Na_2S_2O_3$	8.0	8.0	8.0	8.0	8.0	8.0	8.0
	0.4%淀粉溶液	2.0	2.0	2.0	2.0	2.0	2.0	2.0
	$0.20\ mol\cdot dm^{-3}KNO_3$	0	0	0	0	5.0	10.0	15.0
	$0.20\ mol\cdot dm^{-3}(NH_4)_2SO_4$	0	5.0	10.0	15.0	0	0	0
混合液中反应物的起始浓度/mol·dm⁻³	$(NH_4)_2S_2O_8$							
	KI							
	$Na_2S_2O_3$							
反应时间 $\Delta t/s$								
$\Delta[S_2O_8^{2-}]/mol\cdot dm^{-3}$								
反应速率 $v/mol\cdot dm^{-3}\cdot s^{-1}$								

2. 温度对化学反应速率的影响

按照表4-5实验VI中的药品用量，将装有碘化钾、硫代硫酸钠、硝酸钾和淀粉混合溶液的烧杯和装有过二硫酸铵溶液的小烧杯，放入冰水浴中冷却，待它们温度冷却到低于室温10℃左右时，将过二硫酸铵溶液迅速加到碘化钾等混合溶液中，同时计时并用玻璃棒不断搅拌，当溶液刚出现蓝色时，记录反应时间。此实验编号记为Ⅷ。

用同样方法进行高于室温10℃和20℃的实验，实验编号分别记为Ⅸ，Ⅹ。

将此两次实验数据Ⅷ、Ⅸ和实验Ⅵ的数据记入表4-6中进行比较。

表4-6　温度对化学反应速率的影响

实验编号	Ⅷ	Ⅵ	Ⅸ	Ⅹ
反应温度 $t/℃$				
反应时间 $\Delta t/s$				
反应速率 $v/mol\cdot dm^{-3}\cdot s^{-1}$				

3. 催化剂对化学反应速率的影响

按照实验Ⅵ的用量，把碘化钾、硫代硫酸钠、硝酸钾和淀粉溶液加到100 mL烧杯中，再加入2滴$0.02\ mol\cdot dm^{-3}Cu(NO_3)_2$溶液，搅均，然后迅速加入过二硫酸铵溶液，搅拌、计时。将此实验的反应速率与实验Ⅵ的反应速率进行定性比较，得出结论。

【数据处理】

1. 反应级数和反应速率常数的计算

将反应速率表示式 $v=k[S_2O_8^{2-}]^m[I^-]^n$ 两边取对数：

$$\lg v=m\lg[S_2O_8^{2-}]+n\lg[I^-]+\lg k$$

当 $[I^-]$ 不变时，以 $\lg v$ 对 $\lg[S_2O_8^{2-}]$ 作图，可得一直线，斜率即为 m。同理，当 $[S_2O_8^{2-}]$ 不变时，以 $\lg v$ 对 $\lg[I^-]$ 作图，也可得一直线，斜率即为 n。此反应的级数则为 $m+n$。

将求得的 m 和 n 代入 $V=k[S_2O_8^{2-}]^m[I^-]^n$ 即可求得反应速率常数 k。将数据填入表 4-7。

表 4-7　实验记录与结果

实验编号	I	II	III	IV	V	VI	VII
$\lg v$							
$\lg[S_2O_8^{2-}]$							
$\lg[I^-]$							
m							
n							
反应速率常数 $k/\text{mol}^{-1}\cdot\text{L}\cdot\text{s}^{-1}$							

2. 反应活化能的计算

反应速率常数 k 与反应温度 T 一般有以下关系：

$$\lg k=A-\frac{E_a}{2.303RT}$$

式中，E_a 为反应的活化能，R 为摩尔气体常数，T 为热力学温度。测出不同温度时的 k 值，以 $\lg k$ 对 $\dfrac{1}{T}$ 作图，可得一直线，由直线斜率 $-\dfrac{E_a}{2.303R}$，可求得反应的活化能 E_a。将数据填入表 4-8。

表 4-8　实验记录与结果

实验编号	VIII	VI	IX	X
反应速率常数 $k/\text{mol}^{-1}\cdot\text{L}\cdot\text{s}^{-1}$				
$\lg k$				
$\dfrac{1}{T}/\text{K}^{-1}$				
反应活化能 $E_a/\text{kJ}\cdot\text{mol}^{-1}$				

本实验活化能测定值的误差不超过 10%（文献值：51.8 kJ·mol^{-1}）。

【思考题】

(1)为什么在实验Ⅱ～Ⅶ中,分别加入 KNO_3 或 $(NH_4)_2SO_4$ 溶液?

(2)为什么可以由反应出现蓝色的时间长短来计算反应速率?溶液出现蓝色后,反应是否就终止了?

(3) $Na_2S_2O_3$ 的用量过多或过少,对实验结果有何影响?

(4)若不用 $S_2O_8^{2-}$,而用 I^- 或 I_3^- 的浓度变化表示反应速率,则反应速率常数 k 是否一样?

(5)化学反应的反应级数是怎样确定的?用本实验的结果加以说明。

二、过氧化氢分解速度和活化能的测定

【实验目的】

(1)用化学方法测定过氧化氢的分解速度。

(2)用图解法求出过氧化氢分解反应的速度常数和活化能。

【实验原理】

过氧化氢的催化分解反应,在催化剂浓度一定的条件下,可视为一级反应,它遵守下式:

$$lg[H_2O_2]_t = -\frac{k}{2.303}t + lg[H_2O_2]$$

式中,$[H_2O_2]$ 为 H_2O_2 的初始浓度,$[H_2O_2]_t$ 为时间 t 时 H_2O_2 的浓度,k 为反应速度常数。以 $lg[H_2O_2]_t$ 对 t 作图,可以得到一条直线,根据直线的斜率可以计算反应速率常数 k。

为了测定不同时间 t 时过氧化氢溶液的浓度,每隔一定时间从反应混合物中吸取一定数量的样品,加入阻化剂 H_2SO_4,使分解反应迅速停止,用高锰酸钾溶液滴定此时 H_2O_2 的浓度,其反应方程式为:

$$2MnO_4^- + 5H_2O_2 + 6H^+ = 2Mn^{2+} + 8H_2O + 5O_2\uparrow$$

根据如下的关系(式中 k 为反应速率常数,E_a 反应活化能,R 为气体常数,A 为常数),测出不同温度时的 k 值,以 lgk 对 $\frac{1}{T}$ 作图,可得一直线,由直线斜率 $-\frac{E_a}{2.303R}$,可求得反应的活化能 E_a。

$$lgk = A - \frac{E_a}{2.303RT}$$

【仪器与试剂】

烧杯、锥形瓶、移液管、酸式滴定管、恒温水浴;H_2O_2(0.2 mol·dm^{-3}),

$KMnO_4(0.008\ mol\cdot dm^{-3})$，$MnSO_4\ (0.05\ mol\cdot dm^{-3})$，$H_2SO_4(3\ mol\cdot dm^{-3})$、$(NH_4)_2Fe(SO_4)_2(0.5\ mol\cdot dm^{-3})$。

【实验步骤】

1. 室温下反应速度常数的测定

(1)在 250 mL 锥形瓶中，加入 25 mL 0.2 $mol\cdot dm^{-3}$ H_2O_2 水溶液，用蒸馏水稀释到 200 mL。在室温水浴中恒温 10 min 左右。加入 5 mL 0.5 $mol\cdot dm^{-3}$ $(NH_4)_2Fe(SO_4)_2$ 溶液(室温超过 10℃，加入量可适当减少)，H_2O_2 开始分解，立即计时，并记下恒温水浴温度。

(2)取 6 只 150 mL 锥形瓶，在每只锥形瓶中各加入 15 mL 3 $mol\cdot dm^{-3}$ H_2SO_4 溶液和 1 mL 0.05 $mol\cdot dm^{-3}$ $MnSO_4$ 溶液。过氧化氢分解反应每进行 15 min，从反应混合物中，用移液管吸取 10.00 mL 溶液到上述酸溶液中(以反应混合物注入酸液为反应终止计算反应时间)，充分混合均匀，用 0.008 $mol\cdot dm^{-3}$ $KMnO_4$ 溶液滴定，直至过量一滴 $KMnO_4$ 溶液，其粉红色在 30 s 内不褪去即达到滴定终点。记录每次滴定用去 $KMnO_4$ 溶液的体积数 (mL)。

2. 非室温下反应速度常数的测定

改变实验温度，调节恒温水浴温度比室温分别高出 10℃，15℃，恒温 10 min 后，重复上述实验，再测得两组数据。

【实验现象记录及结果】

1. 实验数据记录在表 4-9

表 4-9　实验数据记录与结果　　　　　　　温度：_____℃

反应时间/min						
V_{KMnO_4}/mL						
lg$v$						

2. 求速率常数 k

由 H_2O_2 和 $KMnO_4$ 反应的方程可知：

$$[H_2O_2]=\frac{5}{2}[KMnO_4]\frac{V_{KMnO_4}}{V_{H_2O_2}}$$

由于每次所用 H_2O_2 的体积均为 10.00 mL，$[KMnO_4]$ 也为定值，所以 lg$[H_2O_2]_t$ 对 t 作图，可以变换 lgv_{KMnO_4} 对 t 作图，以 lg$v$ 为纵坐标，t 为横坐标作图，从直线的斜率求得 k。

3. 求活化能 E_a

根据公式 $\lg k = A - \dfrac{E_a}{2.303RT}$，以 $\lg k$ 为纵坐标，$\dfrac{1}{T}$ 为横坐标作图，从直线的斜率可以求得 E_a。

【思考题】

(1)为什么反应时间的计算是以混合液进入酸液为其终止时间？

(2)反应过程中温度不恒定，对实验的结果有无影响？

实验九　醋酸电离度和电离常数的测定——pH 法

【实验目的】

(1)掌握 pH 法测定醋酸电离度和电离常数的原理和方法。

(2)学习使用酸度计。

【实验原理】

醋酸(HAc)是弱电解质，在水溶液中存在着下列电离平衡：

$$HAc \Longleftrightarrow H^+ + Ac^-$$

若 c 为 HAc 的起始浓度，$[H^+]$、$[Ac^-]$ 和 $[HAc]$ 分别是 H^+、Ac^- 和 HAc 的平衡浓度，α 为 HAc 溶液的浓度为 c 时的电离度，K_a 为 HAc 的电离常数，则：

$$K_a = \frac{[H^+][Ac^-]}{[HAc]} = \frac{[H^+]^2}{c - [H^+]} \qquad \alpha = \frac{[H^+]}{c} \times 100\%$$

当 $\alpha < 5\%$ 时，$K_a \approx \dfrac{[H^+]^2}{c}$。

在一定温度下，用酸度计测定已知浓度的 HAc 溶液的 pH 值，根据 $pH = -\lg[H^+]$，即可计算出电离度 α 和电离常数 K_a。

【仪器和试剂】

pH 计，铁架台，滴定管夹，洗耳球，移液管(25 mL)，吸量管(10 mL)，容量瓶(50 mL)，锥形瓶(250 mL)，碱式滴定管；酚酞指示剂，冰醋酸，NaOH 标准溶液(约 0.2 mol·dm^{-3})。

【实验步骤】

1. 250 mL 0.2 mol·dm^{-3} HAc 溶液的配制与浓度标定

(1)计算配制 250 mL 0.2 mol·L^{-1} HAc 溶液所需冰醋酸(17.5 mol·dm^{-3})的体积，用量筒量取后，加蒸馏水稀释至 250 mL，充分混匀，倒入试剂瓶中备用。

(2)以酚酞为指示剂,用已知浓度的标准 NaOH 溶液标定配制的约 0.2 mol·dm⁻³ HAc 溶液的浓度,把数据记录及结果处理填入表 4-10。

表 4-10 0.2 mol·dm⁻³ HAc 溶液的浓度标定

标准 NaOH 溶液浓度/mol·dm⁻³				
平行滴定份数		1	2	3
HAc 溶液的移取体积/mL		25.00	25.00	25.00
消耗标准 NaOH 溶液体积/mL				
HAc 溶液的浓度/mol·dm⁻³	测定值			
	相对平均偏差			
	平均值			

2. 配制不同浓度的 HAc 溶液

用移液管和吸量管分别移取 25.00 mL,5.00 mL,2.50 mL 已标定过浓度的 HAc 溶液于 3 个 50 mL 容量瓶中,再用蒸馏水稀释至刻度,摇匀,并计算出各份稀释 HAc 溶液的准确浓度。

3. 测定 HAc 溶液的 pH 值,并计算 α 和 K_a

将以上配制的 3 种不同浓度的 HAc 溶液和 HAc 原始溶液各 30 mL,分别置于 4 个干燥洁净的 50 mL 烧杯中,按由稀到浓的顺序用 pH 计分别测定它们的 pH 值,记录数据和室温,计算出相应的 α 和 K_a,填入表 4-11。

表 4-11 HAc 溶液的 pH 值测定 温度:_____℃

溶液编号	c/ mol·dm⁻³	pH	$[H^+]$/ mol·dm⁻³	α/%	K_a	
					计算值	平均值
1						
2						
3						
4						

【思考题】

(1)"电离度越大,酸度就越大。"这句话正确吗? 为什么?

(2)改变所测 HAc 溶液的浓度或温度,则电离度和电离常数有无变化? 若有变化,会有怎样的变化?

(3)若所用 HAc 溶液极稀,是否还能用 $K_a = \dfrac{[H^+]^2}{c}$ 来求电离常数?

(4)测定 HAc 溶液的 pH 值时,要按由稀到浓的顺序,为什么?

实验十　电离平衡和沉淀平衡

【实验目的】

(1)加深对电离平衡、沉淀平衡和同离子效应等理论的理解。

(2)学习缓冲溶液的配制并了解它的缓冲作用。

(3)了解影响盐的水解的因素。

(4)掌握沉淀的生成、溶解和转化的条件。

(5)掌握离心机的使用方法。

【实验原理】

1. 弱电解质及其在溶液中的电离

在水溶液中能完全电离的电解质称为强电解质,在水溶液中仅能部分电离的电解质称为弱电解质。弱酸或弱碱等一类弱电解质在水溶液中存在着下列化学平衡:

$$AB(aq) \rightleftharpoons A^+(aq) + B^-(aq) \tag{1}$$

按电离理论,将该平衡称为弱电解质的电离平衡。在此平衡体系中,加入含有相同离子的强电解质,即增加 A^+ 离子或 B^- 离子的浓度,平衡则向生成 AB 的方向移动,使弱电解质 AB 的电离度降低,这种效应叫做同离子效应。例如,在 HAc 溶液中加入醋酸钠,增加了 Ac^- 离子浓度,平衡向左移动,使醋酸电离度降低。

$$HAc \rightleftharpoons H^+ + Ac^- \tag{2}$$

同理,在氨水溶液中加入氯化铵,$[NH_4^+]$ 增加,可使电离度降低,$[OH^-]$ 降低。

2. 缓冲溶液

根据同离子效应,电离平衡理论认为由弱酸及弱酸强碱盐(如 HAc 和 NaAc)或弱碱及弱碱强酸盐(如 $NH_3 \cdot H_2O$ 和 NH_4Cl)的混合溶液,能够在一定程度上对外来酸、碱溶液或适当稀释时起缓冲作用,即当外加少量酸、少量碱或稀释时,此混合溶液的 pH 值变化不大,这种溶液叫做缓冲溶液。

缓冲溶液的 pH 值决定于 pK_a(或 pK_b)及 $c_{酸}/c_{盐}$(或 $c_{碱}/c_{盐}$),当 $c_{酸} = c_{盐}$ 时,$pH = pK_a$,所以配制一定 pH 值的缓冲溶液时,可选其 pK_a 与 pH 相近的弱酸及其盐,pK_b 与 pOH 接近的弱碱及其盐。

3. 盐的水解及其影响因素

强酸弱碱盐、弱酸强碱盐以及弱酸弱碱盐的水溶液可能是中性的,也可能是酸性或碱性的,原因就是由于这些盐的水解造成的。这些盐解离产生的离子与水作用,使水的解离平衡发生移动从而影响溶液的酸碱性,这种作用叫做盐的水解。

在配制这些盐溶液时,需要加入相应的强酸或强碱来抑制盐的水解;影响盐水解的因素从其解离平衡来分析,主要是该盐的本性、盐的浓度、溶液的酸碱性。另外由于盐的水解一般是吸热过程,因此升高温度也会促进水解的进行。

4. 难溶电解质的多相平衡及其移动

在难溶电解质的饱和溶液中,未溶解的固体与溶解后形成的离子间存在着多相离子平衡。

例如,在含有过量的 $PbCl_2$ 饱和溶液中,存在着下列平衡:

$$PbCl_2(aq) \rightleftharpoons Pb^{2+}(aq) + 2Cl^-(aq) \tag{3}$$

其平衡常数 $K_{sp,PbCl_2}$ 叫做 $PbCl_2$ 的溶度积,可用式(4)表示:

$$K_{sp,PbCl_2} = [Pb^{2+}][Cl^-]^2 \tag{4}$$

根据溶度积规则,可以判断沉淀的生成或溶解,例如:

$[Pb^{2+}][Cl^-]^2 < K_{sp,PbCl_2}$,溶液未饱和,无沉淀析出;

$[Pb^{2+}][Cl^-]^2 = K_{sp,PbCl_2}$,饱和溶液;

$[Pb^{2+}][Cl^-]^2 > K_{sp,PbCl_2}$,溶液过饱和,有沉淀析出。

如果往难溶电解质的饱和溶液中,加入含有相同离子的强电解质,由于产生同离子效应,会使该难溶电解质的溶解度降低。

如果溶液中含有两种或两种以上的离子都能与加入的某种试剂(称为沉淀剂)反应,生成难溶电解质时,沉淀的先后次序决定于所需沉淀剂浓度的大小,所需沉淀剂离子浓度较小的先沉淀,较大的后沉淀。这种先后沉淀的现象叫分步沉淀。只有对于同一类型的难溶电解质,才可以按它们的溶度积大小直接判断沉淀生成先后次序;而对于不同类型的难溶电解质,生成的沉淀的先后次序须按它们所需的沉淀剂离子浓度的大小来确定。

使一种难溶电解质转化为另一种更难溶电解质,即把一种沉淀转化为另一种沉淀的过程,叫做沉淀的转化。对于同一类型的难溶电解质,一种沉淀可转化为溶度积更小的、更难溶的另一种沉淀。

【仪器和试剂】

试管、试管架、试管夹、离心试管、滴管、烧杯(50 mL)、洗瓶、玻璃棒、量筒(10 mL)、离心机、表面皿;糟精 pH 试纸、NH_4Cl(A. R.)、$NH_3 \cdot H_2O$(0.1 mol · dm^{-3},1 mol · dm^{-3})、醋酸(1 mol · dm^{-3})、$NaOH$ 溶液(0.2 mol · dm^{-3})、HNO_3 溶液(6 mol · dm^{-3})、KI 溶液(0.1 mol · dm^{-3})、K_2CrO_4 溶液(0.5 mol · dm^{-3})、$AgNO_3$ 溶液(0.1 mol · dm^{-3})、NH_4Ac 饱和溶液、$NaCl$ 溶液(0.1 mol ·

dm^{-3},1 mol·dm^{-3})、NaAc 溶液(1 mol·dm^{-3})、Na_2S 溶液(1 mol·dm^{-3})、$Pb(NO_3)_2$ 溶液(0.1 mol·dm^{-3},1 mol·dm^{-3})、$BaCl_2$ 溶液(0.5 mol·dm^{-3})、$(NH_4)_2C_2O_4$ 饱和溶液、0.5 mol·dm^{-3} $Bi(NO_3)_3$ 溶液、NH_4Cl 溶液(1 mol·dm^{-3})、HCl(0.2 mol·dm^{-3},6 mol·dm^{-3})、酚酞指示剂、甲基橙指示剂。

【实验步骤】

1. 弱电解质的电离平衡及其同离子效应

(1)往试管加入约 2 mL 0.1 mol·dm^{-3} 氨水,再滴入 1 滴酚酞指示剂,观察溶液的颜色。然后,将此溶液平均分为两份,其中一份中加入少量 NH_4Ac 饱和溶液,另一份中加入等体积的去离子水。比较这两种溶液的颜色有何不同。

(2)往试管加入约 2 mL 1 mol·dm^{-3} 醋酸,再滴入 1 滴甲基橙指示剂,观察溶液的颜色。然后,将此溶液平均分为两份,其中一份中加入少量 NH_4Ac 饱和溶液,另一份中加入等体积的去离子水。比较这两种溶液的颜色有何不同。

2. 沉淀平衡和同离子效应

往离心试管中加入 3 滴 0.1 mol·dm^{-3} $Pb(NO)_2$ 溶液,再加入 6 滴 0.1 mol·dm^{-3} KI 溶液,观察沉淀的颜色。离心分离,在上清液(即 PbI_2 的饱和溶液)中,再加入几滴 0.1 mol·dm^{-3} KI 溶液,观察沉淀的生成,解释上述现象。

3. HAc-NaAc 和 NH_3·H_2O-NH_4Cl 体系缓冲体系溶液的配制和性质

利用下列溶液配制相应 pH 值的缓冲溶液 10 mL;并把配制的 10 mL 缓冲溶液均分为 3 份,分别加入 1 滴 0.2 mol·dm^{-3} 盐酸、1 滴 0.2 mol·dm^{-3} NaOH 溶液和 3mL H_2O,测其 pH 值,填入表 4-12 中。

(1)1 mol·dm^{-3} HAc 溶液和 1 mol·dm^{-3} NaAc 溶液,pH 值为 5。

(2)1 mol·dm^{-3} 氨水和 1 mol·dm^{-3} NH_4Cl 溶液,pH 值为 9。

表 4-12 体积及 pH 值的记录与结果

		1 mol·dm^{-3} HAc	1 mol·dm^{-3} NaAc	1 mol·dm^{-3} NH_3·H_2O	1 mol·dm^{-3} NH_4Cl
溶液体积/mL					
pH 值	理论值	5		9	
	实验值				
	加酸				
	加碱				
	稀释				

4. 盐的水解

(1)往试管中加入 1 mL 1 mol·dm^{-3} NaAc 溶液,然后滴入 1 滴酚酞指示剂,观察溶液的颜色;加热试管,再观察溶液的颜色,解释现象。

(2)往试管中加入 1 mL 0.5 mol·dm^{-3} Bi(NO$_3$)$_3$ 溶液,然后逐滴加入蒸馏水,观察溶液的水解,解释现象。

5. 分步沉淀

往一支离心试管中,加入 0.1 mol·dm^{-3} NaCl 溶液和 K$_2$CrO$_4$ 溶液各 3 滴,并将混合溶液稀释至 2 mL。摇匀后,逐滴加入 0.1 mol·dm^{-3} AgNO$_3$ 溶液,边滴边摇。当白色沉淀中开始出现砖红色时,停止加入 AgNO$_3$ 溶液。离心沉降后,吸取上层清液并往清液中加入数滴 AgNO$_3$ 溶液。观察并比较离心分离前后所生成的沉淀颜色有何不同。

6. 沉淀的溶解

(1)取 5 滴 0.5 mol·dm^{-3} BaCl$_2$ 溶液,加入 3 滴(NH$_4$)$_2$C$_2$O$_4$ 饱和溶液,观察沉淀的生成。离心分离,弃去溶液,在沉淀物上加数滴 6 mol·dm^{-3} 盐酸,观察现象。写出反应的化学方程式并说明原因。

(2)取 5 滴 0.1 mol·dm^{-3} AgNO$_3$ 溶液,加入 3 滴 1 mol·dm^{-3} Na$_2$S 溶液,观察沉淀的生成。离心分离,弃去溶液,在沉淀物上加数滴 6 mol·dm^{-3} HNO$_3$ 溶液,水浴加热,观察现象。写出反应的化学方程式并说明原因。

(3)取 5 滴 0.1 mol·dm^{-3} AgNO$_3$ 溶液,加入 3 滴 1 mol·dm^{-3} NaCl 溶液,观察沉淀的生成。离心分离,弃去溶液,在沉淀物上加数滴 1 mol·dm^{-3} 氨水溶液,观察现象。写出反应的化学方程式并说明原因。

7. 沉淀的转化

在离心试管中,加 5 滴 0.1 mol·dm^{-3} Pb(NO$_3$)$_2$ 溶液,再加入 3 滴 1 mol·dm^{-3} NaCl 溶液,待沉淀完全后,离心分离,用蒸馏水洗涤沉淀。在氯化铅沉淀中,加 3 滴 0.1 mol·dm^{-3} KI 溶液,观察沉淀的转化和颜色的变化。

待碘化铅沉淀完全后,离心分离,用蒸馏水洗涤沉淀。在碘化铅沉淀中加入 5 滴 0.5 mol·dm^{-3} K$_2$CrO$_4$ 溶液,观察沉淀的转化和颜色的变化。

待铬酸铅沉淀完全后,离心分离,用蒸馏水洗涤沉淀。在铬酸铅沉淀中加入 5 滴 1 mol·dm^{-3} Na$_2$S 溶液,观察沉淀的转化和颜色的变化。解释上述各种现象,总结沉淀转化的条件。

【思考题】

(1)已知 H$_3$PO$_4$、NaH$_2$PO$_4$、Na$_2$HPO$_4$ 和 Na$_3$PO$_4$ 4 种溶液的浓度相同,它们依次分别显酸性、弱酸性、弱碱性和碱性,试解释之。

(2)同离子效应对弱电解质的电离度及难溶电解质的溶解度各有什么影响? 联系实验说明之。

实验十一　硫酸钡溶度积常数的测定——电导率法

【实验目的】

(1)学习电导率法测定 $BaSO_4$ 的溶度积常数的方法。

(2)学习电导率仪的使用。

【实验原理】

电解质溶液导电能力可以用电阻(R)或电导(G)来表示,两者互为倒数,即:$G=1/R$,电导单位为西门子(S)。在一定温度下,两电极间溶液的电阻 R 与两电极间的距离 L 成正比,与电极面积 A 成反比,即:$R=\rho\dfrac{L}{A}$,ρ 为比例常数,它的倒数称为电导率(γ),单位为西门子·厘米$^{-1}$(S·cm^{-1}),电导率表示放在相距 1 cm、面积为 1 cm^2 的两个电极之间溶液的电导。其数值与电解质的种类、溶液浓度及温度等因素有关。

在一定温度下,相距单位距离(如 1 cm)的两个平行电极之间,含有 1 mol 电解质溶液的电导率,称为摩尔电导率,以 λ_m 表示,$\lambda_m=\gamma\times\dfrac{1\,000}{c}$,单位为 S·cm^2·mol^{-1}。而极限摩尔电导率为溶液在无限稀释情况下的摩尔电导率,以 λ_∞ 表示。

硫酸钡是难溶电解质,饱和溶液中存在下列平衡:

$$BaSO_4(s)\Longleftrightarrow Ba^{2+}+SO_4^{2-}$$

$$K_{sp,BaSO_4}=[Ba^{2+}][SO_4^{2-}]=c_{BaSO_4}^2$$

如果测出[Ba^{2+}],[SO_4^{2-}]或 c_{BaSO_4} 中的任一值都可求出 $K_{sp,BaSO_4}$。

由于 $BaSO_4$ 的溶解度很小,因此可把饱和溶液看成是无限稀释的溶液,离子的活度与浓度近似相等,由于饱和溶液的浓度很低,因此常采用电导法,通过测定电解质溶液的电导率来计算离子浓度。

实验证明,当溶液浓度无限稀时,电解质的极限摩尔电导是电离的两种离子的极限摩尔电导之和,对 $BaSO_4$ 饱和溶液而言:

$$\lambda_{\infty,BaSO_4}=\lambda_{\infty,Ba^{2+}}+\lambda_{\infty,SO_4^-}$$

当以 1/2 $BaSO_4$ 为基本单元,$\lambda_{\infty,BaSO_4}=2\lambda_{1/2,BaSO_4}$。在 25℃时,无限稀释的 1/2 Ba^{2+} 和 1/2 SO_4^{2-} 的 λ_∞ 值分别为 63.6 S·cm^2·mol^{-1},80 S·cm^2·

mol^{-1},因此

$$\lambda_{\infty,BaSO_4} = 2\lambda_{1/2,BaSO_4} = 2(\lambda_{\infty,1/2Ba^{2+}} + \lambda_{\infty,1/2SO_4^{2-}}) = 2 \times (63.6 + 80)$$
$$= 287.2(S \cdot cm^2 \cdot mol^{-1})$$

因此,只要测得溶液的电导率 γ 值,即可求得溶液浓度。

$$c_{BaSO_4} = \frac{1\,000\gamma_{BaSO_4}}{\lambda_{\infty,BaSO_4}}$$

由于测得 $BaSO_4$ 的电导率包括水的电导率,因此真正的 $BaSO_4$ 的电导率:

$$\gamma_{BaSO_4} = \gamma_{BaSO_4(溶液)} - \gamma_{H_2O}$$

$$K_{sp,BaSO_4} = \left[\frac{\gamma_{BaSO_4(溶液)} - \gamma_{H_2O}}{\lambda_{\infty,BaSO_4}} \times 1\,000\right]^2$$

【仪器和试剂】

电导率仪,烧杯,量筒;去离子水,$BaSO_4$。

【实验步骤】

1. $BaSO_4$ 饱和溶液的制备

将适量已经灼烧的 $BaSO_4$ 置于 100 mL 的烧杯中,加 40 mL 去离子水,加热煮沸 3~5 min,搅拌静置,冷却。

2. 电导率的测定

(1)取 40 mL 去离子水,测定其电导率,注意要迅速。

(2)$BaSO_4$ 的饱和溶液冷至室温,测定其电导率。

3. 根据所测数据,计算 $BaSO_4$ 的溶度积常数

【思考题】

(1)为什么要测纯水的电导率?

(2)什么情况下可用电导率计算溶液浓度?

实验十二　醋酸银溶度积常数的测定

【实验目的】

(1)了解醋酸银溶度积常数的测定原理和方法。

(2)测定醋酸银的溶度积常数。

【实验原理】

醋酸银是一种微溶性的强电解质,在一定温度下,饱和的 AgAc 水溶液存在着下列平衡: $\qquad$ $AgAc(s) \rightleftharpoons Ag^+(aq) + Ac^-(aq)$ $\qquad$ (1)

$$K_{\mathrm{sp,AgAc}} = [\mathrm{Ag^+}][\mathrm{Ac^-}]$$

当温度恒定时，$K_{\mathrm{sp,AgAc}}$ 为常数，它不随 $[\mathrm{Ag^+}]$ 和 $[\mathrm{Ac^-}]$ 的变化而改变。因此，测出饱和溶液中 $\mathrm{Ag^+}$ 和 $\mathrm{Ac^-}$ 的浓度，即可求出该温度时 $K_{\mathrm{sp,AgAc}}$。

采用佛尔哈德直接滴定法，以 $\mathrm{NH_4SCN}$ 为标准溶液，铁铵钒 $[\mathrm{(NH_4)_2SO_4}\cdot\mathrm{Fe_2(SO_4)_3}\cdot 24\mathrm{H_2O}]$ 做指示剂，滴定测定饱和溶液中 $\mathrm{Ag^+}$ 的浓度，其原理如下：

$$\mathrm{SCN^-} + \mathrm{Ag^+} = \mathrm{AgSCN}\downarrow(白色) \quad K_{\mathrm{sp,AgSCN}} = [\mathrm{Ag^+}][\mathrm{SCN^-}] = 1.0\times10^{-12}$$

而 $\mathrm{SCN^-} + \mathrm{Fe^{3+}} = [\mathrm{FeSCN}]^{2+}(红色)$ $\quad K_{\mathrm{f,FeSCN^{2+}}} = \dfrac{[\mathrm{FeSCN^{2+}}]}{[\mathrm{SCN^-}][\mathrm{Fe^{3+}}]} = 8.9\times10^2$

当 $\mathrm{Ag^+}$ 全部沉淀后，溶液中 $[\mathrm{SCN^-}] = 10^{-6}$ mol·dm^{-3}，而要肉眼观察到 $[\mathrm{FeSCN}]^{2+}$ 的红色，浓度约为 10^{-5} mol·dm^{-3}，则要求 $[\mathrm{SCN^-}]$ 约为 2×10^{-5} mol·dm^{-3}，必须在 $\mathrm{Ag^+}$ 全部转化为 AgSCN 白色沉淀后再过量半滴（约 0.02 mL），才能使 $[\mathrm{SCN^-}]$ 达到 2×10^{-5} mol·dm^{-3}，所以可用铁铵钒做指示剂测定 $\mathrm{Ag^+}$ 浓度。

AgAc 饱和溶液中 $[\mathrm{Ac^-}]$ 的计算：

设 $\mathrm{AgNO_3}$ 溶液的浓度为 $c_{\mathrm{Ag^+}}$，NaAc 溶液的浓度为 $c_{\mathrm{Ac^-}}$，取 $V_{\mathrm{Ag^+}}$ mL $\mathrm{AgNO_3}$ 溶液与 $V_{\mathrm{Ac^-}}$ mL NaAc 溶液混合后总体积为 $V_{\mathrm{Ag^+}} + V_{\mathrm{Ac^-}}$（混合后体积变化忽略不计）。则 AgAc 饱和溶液中 $\mathrm{Ac^-}$ 的浓度为

$$[\mathrm{Ac^-}] = \frac{c_{\mathrm{Ac^-}}\times V_{\mathrm{Ac^-}} - c_{\mathrm{Ag^+}}\times V_{\mathrm{Ag^+}}}{V_{\mathrm{Ac^-}} + V_{\mathrm{Ag^+}}} + [\mathrm{Ag^+}] \qquad (2)$$

将测得的 $[\mathrm{Ag^+}]$ 与（2）式计算得到的 $[\mathrm{Ac^-}]$ 代入（1）式求得 $K_{\mathrm{sp,AgAc}}$ 值。

【仪器与试剂】

锥形瓶、滴定管、吸量管、烧杯；$\mathrm{HNO_3}$（2 mol·dm^{-3}），$\mathrm{AgNO_3}$（0.2 mol·dm^{-3}），NaAc（0.2 mol·dm^{-3}），铁铵钒饱和溶液，$\mathrm{NH_4SCN}$（0.100 0 mol·dm^{-3}）标准溶液。

【实验步骤】

1. AgAc 饱和溶液的制备

用吸量管分别移取 $\mathrm{AgNO_3}$ 和 NaAC 溶液各 10.00 mL，加入洗净干燥的烧杯中。混匀后，用洗净、干燥的玻璃棒搅拌、摩擦 2～5 min，待析出 AgAc 沉淀后，继续平衡 10 min，用塞有棉花条的干燥漏斗进行过滤。

2. Ag$^+$ 浓度的测定

小心地用干燥的吸量管吸取 5.00 mL 滤液至 50 mL 锥形瓶中，加入 5 mL 2 mol·L^{-1} $\mathrm{HNO_3}$ 和 8 滴铁铵钒溶液，摇匀后，以 0.100 0 mol·L^{-1} $\mathrm{NH_4SCN}$ 溶液滴至浅红色不再消失为止（在近终点时，摇动要剧烈，以减少 AgSCN 对 Ag$^+$

的吸附）。记下 NH_4SCN 溶液的体积数，平行测定 3 份，并计算 $[Ag^+]$、$[Ac^-]$ 和 $K_{sp,AgAc}$ 值。

实验结果和计算结果填入表 4-13。

表 4-13　实验数据记录与处理

测定次数	1	2	3
$AgNO_3(0.2\ mol \cdot dm^{-3})$ 溶液的体积/ mL			
$NaAc(0.2\ mol \cdot dm^{-3})$ 溶液的体积/mL			
混合物总体积/mL			
滴定时所用混合物滤液/mL			
NH_4SCN 溶液的浓度/mol·dm^{-3}			
滴定消耗 NH_4SCN 溶液体积/mL			
溶液中与固体 AgAc 达到平衡后 $[Ag^+]$			
溶液中与固体 AgAc 达到平衡后 $[Ac^-]$			
溶度积常数 $K_{sp,AgAc} = [Ag^+][Ac^-]$			

【思考题】

(1)为什么要准确量取 $AgNO_3$ 和 NaAc 溶液的体积？

(2)为什么要用干滤纸过滤混合液？

(3)滴定时以铁铵矾做指示剂，为何还需加入 HNO_3？

实验十三　氧化还原平衡

【实验目的】

(1)掌握电极电势与氧化还原反应的关系。

(2)了解浓度和酸度等因素对电极电势、氧化还原反应的方向、产物、速率的影响。

(3)学会装配原电池并了解其工作原理。

【实验原理】

1. 氧化还原与电极电势

氧化还原反应是电子从还原剂转移或偏移到氧化剂的过程。物质得失电子能力的大小或者说氧化、还原性的强弱，可用其相应电对的电极电势的相对高低来衡量。电对的电极电势代数值越大，氧化态物质的氧化能力越强，还原态物质的还原能力越弱。相反，电对的电极电势代数值越小，氧化态物质的氧化能力越弱,还原态物质的还原能力越强。所以通过比较电极电势,可以判断氧化还原反应进行的方向。即电极电势较大的电对中的氧化态物质氧化电极电势较小的电对中的还原态物质。

2. 影响电极电势的因素

(1)浓度的影响:浓度与电极电势的关系可以用能斯特方程表示:

$$\varphi = \varphi^{\ominus} + \frac{RT}{nF} \ln \frac{c_{\text{氧化态}}}{c_{\text{还原态}}}$$

由能斯特方程式可知,溶液中离子浓度的变化将影响电极电势的数值。

(2)介质的影响:介质的酸碱性对含氧酸盐的氧化性影响很大。例如:

$$Cr_2O_7^{2-} + 14H^+ + 6e^- = 2Cr^{3+} + 7H_2O$$

$$\varphi = \varphi^{\ominus}_{Cr_2O_7^{2-}/Cr^{3+}} + \frac{RT}{nF} \ln \frac{[Cr_2O_7^{2-}][H^+]^{14}}{[Cr^{3+}]^2}$$

可见,$\varphi^{\ominus}_{Cr_2O_7^{2-}/Cr^{3+}}$ 随 c_{H^+} 增加而增加,从而使 $Cr_2O_7^{2-}$ 的氧化性增强。电极电势除与浓度、介质有关系外,还受温度的影响,测定电极电势通常在 25℃ 恒温条件下进行。

【仪器和试剂】

试管(10 mL),烧杯(100 mL),表面皿,U 形管,量筒(100 mL,10 mL),伏特计(或酸度计);琼脂,氟化铵,$NH_3 \cdot H_2O$ (6 mol $\cdot$ dm^{-3}),$CuSO_4$(0.5 mol $\cdot$ dm^{-3}),KCl (饱和溶液),$ZnSO_4$(0.5 mol $\cdot$ dm^{-3}),H_2SO_4 (1 mol $\cdot$ dm^{-3}),NaOH (6 mol $\cdot$ dm^{-3}),KBr (0.1 mol $\cdot$ dm^{-3}),$KMnO_4$(0.01 mol $\cdot$ dm^{-3}),KI (0.1 mol $\cdot$ dm^{-3}),Na_2SO_3(0.1 mol $\cdot$ dm^{-3}),溴水,碘水,H_2O_2(3%),$FeSO_4$ (0.1 mol $\cdot$ L^{-1}),CCl_4,HAc (6 mol $\cdot$ dm^{-3}),$FeCl_3$(0.1 mol $\cdot$ dm^{-3}),$Fe_2(SO_4)_3$ (0.1 mol $\cdot$ dm^{-3}),淀粉溶液 (0.4%),电极(锌片,铜片),红色石蕊试纸(或酚酞试纸),导线,KCl 盐桥。

【实验步骤】

1. 电极电势与氧化还原反应的关系

(1)在试管中加入 1 mL 0.1 mol $\cdot$ L^{-1}KI 溶液和 5 滴 0.1 mol $\cdot$ dm^{-3} FeCl$_3$ 溶液,摇匀后加入 0.5 mL CCl$_4$ 充分振荡,观察 CCl$_4$ 层的颜色变化,判断 KI 与 FeCl$_3$ 是否反应(I$_2$ 溶于 CCl$_4$ 中呈紫红色)。

(2)用 0.1 mol $\cdot$ L^{-1}KBr 溶液代替 KI 溶液进行上述实验,观察现象。(Br$_2$ 溶于 CCl$_4$ 中呈棕黄色)。

(3)向试管中滴加 3 滴溴水,然后加入 0.5 mL CCl$_4$,充分震荡,观察 CCl$_4$ 层的颜色。然后加入约 0.5 mL 0.1 mol $\cdot$ dm^{-3} FeSO$_4$ 溶液,充分反应后观察 CCl$_4$

层有无颜色变化？以碘水代替溴水重复进行实验。观察 CCl_4 层颜色的变化。

根据以上实验结果,定性地比较 Br_2/Br^-、I_2/I^- 和 Fe^{3+}/Fe^{2+} 三个电对的电极电势的相对高低,并指出哪个电对的氧化态是最强的氧化剂,哪个电对的还原态是最强的还原剂。

2. 浓度对电极电势的影响

(1)在两个 100 mL 的烧杯中,分别加入 30 mL 0.5 mol·dm^{-3} $ZnSO_4$ 和 0.5 mol·$dm^{-3}CuSO_4$溶液,在 $ZnSO_4$ 溶液中插入锌片,在 $CuSO_4$ 溶液中插入铜片组成两个电极,两个烧杯之间用盐桥相通。用导线将锌片和铜片分别与伏特计(或酸度计)的负极和正极相连,测量两极之间的电动势 E_0。

(2)取出盐桥,在 $CuSO_4$ 溶液中缓缓加入浓氨水,搅拌,形成深蓝色的溶液,放入盐桥,测量电动势 E_1,观察有何变化？

(3)再取出盐桥,同样在 $ZnSO_4$ 溶液中加入浓氨水,搅拌,至生成的沉淀完全溶解,放入盐桥,测量此时的电动势 E_2,观察有何变化？

根据电动势的变化,讨论浓度对电极电势的影响。

3. 浓度对氧化还原反应的影响

在盛有 1 mL 水、1 mL 四氯化碳、1 mL 0.1 mol·L^{-1}硫酸铁溶液的试管中,加入 1 mL 浓度为 0.1 mol·dm^{-3}的碘化钾溶液,充分振荡后观察四氯化碳层的颜色。然后加入少量氟化铵固体,振荡试管,观察四氯化碳层颜色的变化。

4. 酸度对氧化还原反应的影响

(1)酸度对氧化还原反应产物的影响　在三支均盛有 0.5 mL 0.1 mol·$dm^{-3}Na_2SO_3$溶液的试管中,分别加入0.5 mL 1 mol·dm^{-3}的 H_2SO_4 溶液及 0.5 mL 蒸馏水和 0.5 mL 6 mol·dm^{-3}的 NaOH 溶液,摇匀,再各滴入两滴 0.01 mol·dm^{-3}的 $KMnO_4$ 溶液,观察颜色的变化有何不同,由实验结果说明酸碱介质对氧化还原反应产物的影响。

(2)酸度对氧化还原反应方向的影响　在试管中加入 0.5 mL 0.1 mol·$dm^{-3}KI$ 溶液和两滴 0.1 mol·$dm^{-3}KIO_3$溶液,再加几滴淀粉溶液,摇匀后观察溶液有无变化。然后加 2～3 滴 1 mol·$dm^{-3}H_2SO_4$溶液酸化混合液,观察现象。最后滴加 2～3 滴 6 mol·$dm^{-3}NaOH$ 使混合溶液显碱性,又有什么变化。根据实验现象解释酸度对反应方向的影响。

5. 氧化数居中的物质的氧化还原性

在一支试管中,加入 0.5 mL 0.1 mol·dm^{-3}的 KI 溶液,然后加入 2～3 滴 1 mol·dm^{-3}的 H_2SO_4 和 2 滴浓度为 3％ 的 H_2O_2,加入 CCl_4 振荡。在另一支试管中,加 2～3 滴 0.01 mol·dm^{-3}的 $KMnO_4$溶液,再加 2～3 滴 1 mol·dm^{-3}的H_2SO_4和 2 滴浓度为 3％ 的 H_2O_2,摇匀使其充分反应,观察现象,说明 H_2O_2

在上述反应中起的作用。

【思考题】

(1)通过实验,总结哪些因素影响电极电势? 怎样影响?

(2)为什么 H_2O_2 既有氧化性,又有还原性?

(3)提高高锰酸钾的酸度,其氧化能力增加还是降低?

实验十四 磺基水杨酸合铁(Ⅲ)的组成及稳定常数的测定

【实验目的】

(1)学习分光光度法测定配合物的组成及其稳定常数的原理和方法。

(2)学习等摩尔系列法测定配合物的稳定常数和组成。

(3)学习使用分光光度计。

【实验原理】

磺基水杨酸(简式写为 H_3R)属于 OO 型螯合剂,可与多种金属离子形成螯合物。与三价铁可以形成稳定的螯合物,因此,可以用于三价铁含量的测定。它与 Fe^{3+} 在 pH 1.8~2.5 时生成紫红色的 FeR;在 pH 4~8 时生成红色的 FeR_2^{3-};pH 8~11.5 时生成黄色的 FeR_3^{6-};pH 大于 12 时,有色配合物被破坏而生成 $Fe(OH)_3$ 沉淀。

利用磺基水杨酸与三价铁离子形成配合物颜色与配离子浓度的正比关系可以测定配合物的组成及其稳定常数。一般常用的方法是等摩尔系列法。

等摩尔系列法:设 M 代表金属离子,R 代表磺基水杨酸配体,c_R 和 c_M 分别为 R 和 M 的浓度,在溶液中保持 c_R 和 c_M 浓度和不变,改变 c_R 和 c_M 的相对量,配制一系列溶液,用一定波长的单色光(通常为有色配合物的最大吸收波长),测定其吸光度。然后以吸光度为纵坐标,以中心离子的摩尔分数为横坐标,绘制吸光度-组成图,求出吸光度的极大值 $A_{极大}$。因为中心离子和配体基本无

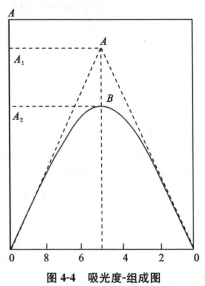

图 4-4 吸光度-组成图

色,只有配离子有色,所以配离子浓度越大,其吸光度值越高,即溶液的吸光度与配离子的浓度成正比。因此,从图中吸光度最大值所对应的中心离子摩尔分数即可求出配合物的组成。

从理论上说,所绘制图应为两条相交的直线,但由于配合物 MR 会发生部分解离,所以测得的不会是直线,而是曲线,如图 4-4 所示。将曲线两边的直线部分延长,相交于 A 点,A 点即为理论最大吸光度值,A 点处的浓度比即为该配合物的配位比。

如果 Fe^{3+} 和 R 全部生成 MR 配合物,则应该具有 A 点处的吸光度 A_1。但实际上我们只能测得 B 处的吸光度 A_2,这是因为部分 MR 发生了解离。根据 A_1 和 A_2 的差别,可求得配合物的解离度 a 为:

$$a=(A_1-A_2)/A_1$$

此配合物的稳定常数:

$$MR \rightleftharpoons M+R$$

$$平衡浓度\ c(1-a)\quad ca\quad ca$$

$$\beta=\frac{[MR]}{[M][R]}=\frac{c(1-\alpha)}{c\alpha\cdot c\alpha}=\frac{1-\alpha}{c\alpha^2}$$

【仪器和试剂】

分光光度计,烧杯(50 mL),容量瓶(100 mL),移液管(10.00 mL 带刻度),锥形瓶;磺基水杨酸(0.010 00 mol·dm^{-3}),$NH_4Fe(SO_4)_2$溶液(0.010 00 mol·dm^{-3}),$HClO_4$(0.01 mol·dm^{-3})。

【实验步骤】

(1)配制 0.001 00 mol·dm^{-3}Fe^{3+}溶液:准确移取 10.00 mL 0.010 00 mol·dm^{-3}NH$_4$Fe(SO$_4$)$_2$溶液于 100 mL 容量瓶中,用 0.01 mol·dm^{-3}HClO$_4$溶液稀释至刻度,摇匀备用。

(2)配制 0.001 00 mol·dm^{-3}磺基水杨酸溶液:准确移取 10.00 mL 0.010 00 mol·dm^{-3}磺基水杨酸溶液于 100 mL 容量瓶中,用 0.01 mol·dm^{-3}HClO$_4$溶液稀释至刻度,摇匀备用。

(3)配制系列溶液:取 3 支 10.00 mL 移液管按下表分别移取 10.00 mL 0.01 mol·dm^{-3} HClO$_4$溶液和不同体积的 0.001 00 mol·dm^{-3}磺基水杨酸溶液与 0.001 00 mol·dm^{-3}Fe^{3+}溶液,分别注入 11 只干燥、洁净的 50 mL 烧杯中,摇匀备用。

(4)吸光度的测定:在波长 λ=500 nm 条件下,测定系列混合溶液的吸光度,所得数据记录在表 4-14。

(5)数据处理:以吸光度对系列溶液中磺基水杨酸的摩尔分数作图,找出吸光度最大值,计算配合物的解离度、配位比和稳定常数。

表 4-14　实验数据记录与处理　　　　　　　　温度_____℃

序号	0.001 00 mol·dm^{-3}磺基水杨酸的体积/mL	0.001 00 mol·dm^{-3} NH$_4$Fe(SO$_4$)$_2$的体积/mL	混合液吸光度 A
1	10.00	0.00	
2	9.00	1.00	
3	8.00	2.00	
4	7.00	3.00	
5	6.00	4.00	
6	5.00	5.00	
7	4.00	6.00	
8	3.00	7.00	
9	2.00	8.00	
10	1.00	9.00	
11	0.00	10.00	

【思考题】

(1)用吸光度对配体的体积分数作图是否可以求得配合物的组成?

(2)简述使用分光光度计的注意事项。

(3)温度和酸度变化对实验结果有何影响?

实验十五　银氨配离子配位数和稳定常数的测定

【实验目的】

应用配位平衡和溶度积原理测定银氨配离子[Ag(NH$_3$)$_n$]$^+$的配位数和稳定常数。

【实验原理】

在硝酸银水溶液中加入过量的氨水,即生成稳定的银氨配离子[Ag(NH$_3$)$_n$]$^+$。再往溶液中加入溴化钾溶液,直到刚出现的溴化银沉淀不消失为止,这时混合溶液中同时存在着如下平衡:

$$Ag^+ + nNH_3 \rightleftharpoons [Ag(NH_3)_n]^+$$

$$K_{稳} = \frac{[Ag(NH_3)_n^+]}{[Ag^+][NH_3]^n} \tag{1}$$

$$[Ag^+][Br^-] = K_{sp} \tag{2}$$

（1）式×（2）式得：

$$\frac{[Ag(NH_3)_n^+] \cdot [Br^-]}{[NH_3]^n} = K_稳 \cdot K_{sp} = K \tag{3}$$

整理（3）式得：

$$[Br^-] = \frac{K \cdot [NH_3]^n}{[Ag(NH_3)_n^+]} \tag{4}$$

$[Ag^+]$，$[Br^-]$，$[Ag(NH_3)_n^+]$皆是平衡时的浓度（$mol \cdot dm^{-3}$），它们可以近似地计算如下：

设起始的 $AgNO_3$ 溶液的体积和浓度分别为 V_{Ag^+}，$[Ag^+]_0$，加入氨水（大过量）和滴入溴化钾溶液的体积分别为 V_{NH_3} 和 V_{Br^-}，其浓度分别为 $[NH_3]_0$ 和 $[Br^-]$，混合溶液的总体积为 $V_总$，则平衡时体系各组分的浓度近似为：

$$[Br^-] = [Br^-]_0 \times \frac{V_{Br^-}}{V_总} \tag{5}$$

$$[Ag(NH_3)_n^+] = [Ag^+]_0 \times \frac{V_{Ag^+}}{V_总} \tag{6}$$

$$[NH_3] = [NH_3]_0 \times \frac{V_{NH_3}}{V_总} \tag{7}$$

将（5），（6），（7）式代入（4）式整理后得：

$$V_{Br^-} = \frac{V_{NH_3}^n \cdot K \cdot \left(\frac{[NH_3]_0}{V_总}\right)^n}{\frac{[Br^-]_0}{V_总} \cdot \frac{[Ag^+]_0 \cdot V_{Ag^+}}{V_总}} \tag{8}$$

实验中改变氨水的体积，而各组分起始浓度和 $V_总$、V_{Ag^+} 均保持不变。所以（8）式可写成：

$$V_{Br^-} = V_{NH_3}^n \cdot K' \tag{9}$$

（9）式两边取对数得方程式：$\lg V_{Br^-} = n \lg V_{NH_3} + \lg K'$

以 $\lg V_{Br^-}$ 为纵坐标，$\lg V_{NH_3}$ 为横坐标作图，直线的斜率便是配位数 n。

【仪器和试剂】

锥形瓶（250 mL），酸式滴定管（50 mL）；$AgNO_3$（0.010 0 $mol \cdot dm^{-3}$），KBr（0.010 0 $mol \cdot dm^{-3}$），$NH_3 \cdot H_2O$（2.0 $mol \cdot dm^{-3}$）。

【实验步骤】

（1）按表 4-15 中各编号所列数量依次加入 $AgNO_3$ 溶液、2.0 $mol \cdot dm^{-3}$ $NH_3 \cdot H_2O$ 和蒸馏水于各号锥形瓶中，在不断缓慢摇荡下从滴定管中逐滴加入

KBr 溶液,直到溶液开始出现的浑浊不再消失为止(沉淀为何物?),记下所用 KBr 溶液的体积。从编号(2)开始,当滴定接近终点时,还要补加适量的蒸馏水,继续滴至终点,使溶液的总体积都与编号(1)的体积基本相同。

(2)实验数据和结果列入表 4-15,根据有关数据作图,求出配离子 $[Ag(NH_3)_n]^+$ 配位数 n。

(3)查出必要数据,求出 $K_稳$ 值。

表 4-15　实验数据记录与处理　　　　　　　　温度_____℃

编号	V_{Ag^+}/mL	V_{NH_3}/mL	V_{H_2O}/mL	V_{Br^-}/mL	V'_{H_2O}/mL	$V_总$/mL	$\lg V_{NH_3}$	$\lg V_{Br^-}$
1	4.00	8.00	8.00		0.00			
2	4.00	7.00	9.00					
3	4.00	6.00	10.00					
4	4.00	5.00	11.00					
5	4.00	4.00	12.00					
6	4.00	3.00	13.00					
7	4.00	2.00	14.00					

【思考题】

为什么用棕色试剂瓶盛放 AgNO₃ 溶液? 还有什么溶液也需使用棕色试剂瓶盛装?

第五章 元素性质和无机化合物制备实验

实验十六 s区元素——钠、钾、镁、钙、钡

【实验目的】

(1)了解碱金属和碱土金属单质的活泼性。

(2)比较碱金属和碱土金属微溶盐及难溶盐的溶解度大小。

(3)学习利用焰色反应鉴定碱金属和碱土金属离子。

(4)学习混合液中各金属和碱土金属离子的分离和鉴定。

【仪器和试剂】

离心机,坩埚,镍铬丝或铂丝,pH 试纸,烧杯(100 mL),试管(10 mL),滤纸;HCl(2 mol·L^{-1},6 mol·dm^{-3}),HNO$_3$(浓),H$_2$SO$_4$(2 mol·dm^{-3}),HAc(6 mol·dm^{-3}),NaOH(2 mol·dm^{-3}),Na$_2$CO$_3$(0.1 mol·dm^{-3}),NH$_3$·H$_2$O(2 mol·dm^{-3}),NaCl(1 mol·dm^{-3}),KCl(1 mol·dm^{-3}),MgCl$_2$(0.1 mol·dm^{-3}),CaCl$_2$(0.1 mol·dm^{-3}),BaCl$_2$(0.1 mol·dm^{-3}),SrCl$_2$(0.1 mol·dm^{-3}),Na$_2$SO$_4$(0.1 mol·dm^{-3}),K$_2$CrO$_4$(0.1 mol·dm^{-3}),(NH$_4$)$_2$C$_2$O$_4$(饱和溶液),NaF(1 mol·dm^{-3}),Na$_2$CO$_3$(1 mol·dm^{-3}),Na$_3$PO$_4$(1 mol·dm^{-3}),K[Sb(OH)$_6$](六羟基合锑(V)酸钾饱和溶液),Na$_3$[Co(NO$_2$)$_6$](钴亚硝酸钠溶液),金属钠,镁条。

【实验步骤】

1. 金属单质与氧气和水的反应

(1)金属钠与氧的反应:用镊子夹取一小块金属钠,用滤纸吸干其表面的煤油,放入干燥的坩埚中加热。当钠刚开始燃烧时,停止加热,观察现象。

(2)金属钠与水的反应:用镊子夹取一小块金属钠,用滤纸吸干其表面的煤油,放入盛有少量水的 100 mL 的烧杯中,观察现象并检验所得溶液的酸碱性。

(3)镁条在空气中燃烧:取一小段金属镁条用砂纸擦去表面的氧化膜后,点燃,观察现象。将燃烧产物放入试管,加 2 mL 蒸馏水,并用润湿的 pH 试纸检查溢出的气体,并检验产生溶液的酸碱性。

2. 碱金属和碱土金属的微溶与难溶盐

(1)微溶性钠盐的生成和钠离子的鉴定:取 1 mL 1 mol · dm^{-3} NaCl 溶液滴加入等量饱和的六羟基合锑(V)酸钾溶液,用玻璃棒摩擦试管内壁,观察产物的颜色和状态。

(2)微溶性钾盐的生成和钾离子的鉴定:在点滴板上加 0.1 mol · dm^{-3} KCl 溶液数滴并加入等量饱和的钴亚硝酸钠 Na$_3$[Co(NO$_2$)$_6$]试剂,观察现象。

(3)镁、钙、钡的硫酸盐的溶解度:分别取 0.1 mol · dm^{-3} 的 MgCl$_2$、CaCl$_2$ 和 BaCl$_2$ 溶液 3～5 滴,加入等量的 0.1 mol · dm^{-3} Na$_2$SO$_4$ 溶液,观察产物的颜色和状态,分别检验沉淀与浓 HNO$_3$ 溶液的作用。写出反应方程式,并比较 MgSO$_4$、CaSO$_4$ 和 BaSO$_4$ 溶解度。

(4)钙、钡的铬酸盐的生成和性质:分别取 0.1 mol · dm^{-3} 的 CaCl$_2$ 和 BaCl$_2$ 溶液 3～5 滴,加入等量的 0.1 mol · dm^{-3} K$_2$CrO$_4$ 溶液,观察现象。然后在离心分离出的沉淀中分别加入 6 mol · dm^{-3} HAc 和 2 mol · dm^{-3} HCl 溶液,观察现象。

(5)草酸钙的生成和性质:分别取 0.1 mol · dm^{-3} 的 CaCl$_2$ 溶液 3～5 滴,加入等量饱和的(NH$_4$)$_2$C$_2$O$_4$ 溶液,观察现象。并检查沉淀和 2 mol · dm^{-3} HCl 溶液的反应情况。

(6)锂盐和镁盐的相似性:分别向 1 mol · L^{-1} LiCl 和 MgCl$_2$ 溶液中滴加 1.0 mol · L^{-1} NaF,1 mol · L^{-1} Na$_2$CO$_3$ 溶液和 0.5 mol · L^{-1} Na$_3$PO$_4$ 观察现象。

3. 焰色反应

取一支铂丝(或镍铬丝)反复蘸以 6 mol · dm^{-3} 盐酸溶液在氧化焰中灼烧直到无色。再蘸取 LiCl 溶液在氧化焰上灼烧,观察火焰颜色。实验完毕,再蘸以盐酸溶液在氧化焰中再烧至近无色,以同法实验 1 mol · dm^{-3} NaCl,KCl,CaCl$_2$,SrCl$_2$ 和 BaCl$_2$ 溶液。

4. 设计实验

现有一未知溶液,可能含有 K$^+$,Mg^{2+},NH$_4^+$,Ca^{2+},Ba^{2+} 离子,试分析确定未知液的组成。

【注意事项】

(1)钠、钾等活泼金属暴露在空气中或与水接触,均易发生剧烈反应,因此,应把它们保存在煤油中,放置于阴凉处。使用时应在煤油中切割成小块,用镊子夹起,再用滤纸吸干表面的煤油,切勿与皮肤接触。未用完的金属屑不能乱丢,可加少量酒精使其缓慢反应。

(2)实验中常利用生成 $BaCrO_4$ 黄色沉淀来进行 Ba^{2+} 的分离、鉴定,但 Pb^{2+} 也可生成黄色的 $PbCrO_4$ 晶状沉淀,为除去 Pb^{2+} 的干扰,在溶液 pH 为 4~5 时,Pb^{2+} 与 EDTA 可形成稳定的配合物而留于溶液中,或利用 $PbCrO_4$ 可溶于强碱(如 NaOH)而使 Pb^{2+} 与 Ba^{2+} 分离。

(3)当 K^+ 和 Na^+ 共存时,即使 Na 是极微量的,K 的紫色火焰可能被 Na 的黄色火焰所掩盖,所以用蓝色钴玻璃滤去黄色火焰观察 K 的火焰。

(4)检验 K^+ 时,强酸、强碱均会使 $[Co(NO_2)_6]^{3-}$ 破坏,故反应必须在中性或微酸性溶液中进行。NH_4^+ 的存在要干扰 K^+ 离子的鉴定,它与试剂可生成 $(NH_4)_2Na[Co(NO_2)_6]$ 黄色沉淀。但若将此沉淀在沸水浴中加热至无气体放出,则可完全分解,而剩下 $K_2Na[Co(NO_2)_6]$ 无变化。

【思考题】

(1)钠和镁的标准电极电势相近,但钠与水的反应比镁与水的反应剧烈,试解释之。

(2)试解释镁、钙、钡硫酸盐溶解度的变化规律。

实验十七　p 区元素——卤素、氧、硫

【实验目的】

(1)掌握卤素单质和离子的氧化性、还原性的变化规律。

(2)掌握卤素含氧酸盐的性质。

(3)了解卤素离子的鉴定方法。

(4)掌握 H_2O_2 的某些重要性质。

(5)掌握重要的硫的含氧酸盐的性质。

(6)掌握金属硫化物的生成和溶解条件。

【仪器和试剂】

铁架台,石棉网,烧杯,大试管,滴管,试管,离心机,酒精灯,温度计;HCl(浓,6 mol·dm^{-3},2 mol·dm^{-3}),H_2SO_4(浓,2 mol·dm^{-3},1 mol·dm^{-3}),HNO_3(浓),KI(0.1 mol·dm^{-3}),KBr(0.1 mol·dm^{-3}),NaCl(0.1 mol·dm^{-3}),$KMnO_4$(0.02 mol·dm^{-3}),$K_2Cr_2O_7$(0.1 mol·dm^{-3}),Na_2S(0.1 mol·dm^{-3}),NaClO(0.1 mol·dm^{-3}),$Na_2S_2O_3$(0.1 mol·dm^{-3}),Na_2SO_3(0.1 mol·dm^{-3},0.5 mol·dm^{-3}),$CuSO_4$(0.1 mol·dm^{-3}),$MnSO_4$(0.1 mol·dm^{-3},

$0.002 \ mol \cdot dm^{-3}$），$Pb(NO_3)_2(0.1 \ mol \cdot dm^{-3})$，$AgNO_3(0.1 \ mol \cdot dm^{-3})$，$H_2O_2(3\%)$，$NaHSO_3(0.1 \ mol \cdot dm^{-3})$，$KIO_3(0.1 \ mol \cdot dm^{-3})$，$NH_3 \cdot H_2O$（$2 \ mol \cdot dm^{-3}$），氯水，溴水，碘水，$CCl_4$，乙醚，$H_2S$ 饱和溶液，淀粉溶液，$NaCl$（固），$NaBr$（固），NaI（固），MnO_2（固），$K_2S_2O_8$（固），$KClO_3$（固体），pH 试纸，淀粉-碘化钾试纸，醋酸铅试纸，石蕊试纸（蓝色）。

【实验步骤】

（一）卤素

1. Cl_2，Br_2，I_2 的氧化性及 Cl^-，Br^-，I^- 的还原性

用所给试剂设计实验，验证卤素单质的氧化性顺序和卤离子的还原性强弱。根据实验现象写出反应方程式，查出有关的标准电极电势，说明卤素单质的氧化性顺序和卤离子的还原性顺序。

（1）单质的氧化性。取两只试管，分别加入 10 滴 $0.1 \ mol \cdot dm^{-3}$ KBr 和 KI，再滴加 4～5 滴氯水，加 2～3 滴 CCl_4 溶液，振荡，观察现象；另取一只试管，加入 10 滴 $0.1 \ mol \cdot dm^{-3}$ KI，再滴加 4～5 滴溴水，加 2～3 滴 CCl_4 溶液，振荡，观察现象。根据实验现象写出反应方程式，说明卤素单质的氧化性顺序。

（2）Cl^-，Br^-，I^- 的还原性。取 3 只干燥试管，分别加入绿豆粒大小的①$NaCl$②$NaBr$③NaI 晶体，再各加入 0.5 mL 浓硫酸（浓硫酸不要沾到管口处），微热，观察试管中颜色变化，并分别用湿润的 pH 试纸检验试管①，用淀粉-碘化钾试纸检验试管②，用醋酸铅试纸检验试管③放出的气体。根据实验现象写出反应方程式，说明卤素阴离子的还原性顺序。

2. 卤素含氧酸盐的性质

（1）次氯酸钠的性质。取 3 支试管：①第一支试管中加入 0.5 mL 次氯酸钠，再加入 4～5 滴浓盐酸（在通风橱中进行实验）。②第二支试管加入 0.5 mL 次氯酸钠，再加入 4～5 滴 $0.1 \ mol \cdot dm^{-3}$ 的 $MnSO_4$ 溶液。③第三支试管加入 4～5 滴 $0.1 \ mol \cdot dm^{-3}$ KI 溶液，再逐滴加入次氯酸钠溶液至无色。观察以上实验现象，写出有关的反应方程式。

（2）氯酸钾的氧化性。分别取绿豆大的氯酸钾进行下列实验：①与 0.5 mL 浓盐酸反应，如果反应不明显，可微热之。②与 KI 溶液分别在中性和酸性溶液中反应，并检验是否有碘生成，比较它们的现象有什么不同，说明原因。

（3）碘酸钾的氧化性：取 1 mL KIO_3（$0.1 \ mol \cdot dm^{-3}$）溶液，加 2 滴淀粉溶液，再滴加 10 滴 $NaHSO_3$（$0.1 \ mol \cdot dm^{-3}$）溶液。振荡后，观察颜色变化。

3. Br^-，I^- 混合离子的鉴定

分别取 5 滴和 1 滴 $0.1 \ mol \cdot dm^{-3}$ KBr 和 KI 溶液于离心线管中，然后加

0.5 mL 蒸馏水和 3~5 滴 CCl₄。再滴加少量氯水，不断振荡，CCl₄ 层显紫红色，表示有 I⁻ 存在。继续加氯水，不断振荡，CCl₄ 层显紫红色褪去并显橙黄色，表示有 Br⁻ 存在。

（二）氧和硫

1. H_2O_2 的性质与检验

（1）检验：在试管中加入 2 mL 3‰ H_2O_2 溶液、0.5 mL 乙醚或戊醇、1 mL 1 mol·dm⁻³ H_2SO_4 和 3~4 滴 0.1 mol·dm⁻³ 的 $K_2Cr_2O_7$ 溶液，振荡试管，观察溶液和乙醚层的颜色有何变化。

（2）性质：①催化分解：用 3‰ H_2O_2、MnO_2(s) 设计实验，验证 H_2O_2 的分解，并检验生成的气体。反应停止后，检验溶液中是否存在 H_2O_2（如何检验？请解释检验结果）。②氧化性：a. 取 3 滴 0.1 mol·dm⁻³ $Pb(NO_3)_2$ 溶液，加入 2 滴 H_2S 饱和溶液，观察沉淀颜色，再加 3‰ H_2O_2 溶液直至颜色转为白色。b. 取 5 滴 0.1 mol·dm⁻³KI 溶液，加入 2 滴稀 H_2SO_4 溶液，再加 3‰ H_2O_2 溶液，观察现象，并加入 1~2 滴淀粉溶液。③还原性：取 1 滴 0.02 mol·dm⁻³KMnO₄ 溶液，加入 4 滴稀 H_2SO_4 溶液，振荡后滴加 3‰ H_2O_2 溶液，观察现象。

2. 硫的化合物的性质

（1）硫化物的溶解性：取 3 支试管分别加入 0.1 mol·dm⁻³ $MnSO_4$、0.1 mol·L⁻¹ $Pb(NO_3)_2$、0.1 mol·dm⁻³ $CuSO_4$ 溶液各 0.5 mL，然后各滴加 0.1 mol·L⁻¹ Na_2S 溶液，观察现象。离心分离，弃去溶液，洗涤沉淀。试验这些沉淀在 2 mol·dm⁻³ 盐酸、浓盐酸和浓硝酸中的溶解情况。根据实验结果，对金属硫化物的溶解情况作出结论，写出有关的反应方程式。

（2）亚硫酸盐的性质：往试管中加入 2 mL 0.5 mol·dm⁻³ Na_2SO_3 溶液，用 3 mol·dm⁻³ H_2SO_4 酸化，观察有无气体产生。用润湿的 pH 试纸移近管口，有何现象？然后将溶液分为两份，一份滴加 H_2S 饱和溶液，另一份滴加 0.02 mol·dm⁻³KMnO₄ 溶液，观察现象，说明亚硫酸盐具有什么性质，写出有关的反应方程式。

（3）硫代硫酸盐的性质与鉴定：用氯水、碘水、0.1 mol·dm⁻³ $Na_2S_2O_3$、3 mol·L⁻¹ H_2SO_4、0.2 mol·dm⁻³ H_2SO_4、$AgNO_3$、6 mol·dm⁻³ HCl 设计实验验证：①$Na_2S_2O_3$ 在酸中的不稳定性；②$Na_2S_2O_3$ 的还原性和氧化剂强弱对 $Na_2S_2O_3$ 还原产物的影响；③$Na_2S_2O_3$ 的配位性。

由以上实验总结硫代硫酸盐的性质，写出反应方程式。

（4）过二硫酸盐的氧化性：在试管中加入 3 mL 1 mol·dm⁻³ H_2SO_4 溶液、3 mL 蒸馏水、3 滴 0.002 mol·dm⁻³ $MnSO_4$ 溶液，混合均匀后分为两份。

在第一份中加入少量过二硫酸钾固体,第二份中加入 1 滴 0.1 mol·dm^{-3} 硝酸银溶液和少量过二硫酸钾固体。将两支试管同时放入同一只热水浴中加热(温度不超过 40℃),溶液的颜色有何变化? 写出反应方程式。

比较以上实验结果并解释之。

【思考题】

(1)氯能从含碘离子的溶液中取代碘,碘又能从氯酸钾溶液中取代氯,这两个反应有无矛盾? 为什么?

(2)长久放置的硫化氢、硫化钠、亚硫酸钠水溶液会发生什么变化? 如何判断变化情况?

(3)硫代硫酸钠溶液与硝酸银溶液反应时,为何有时为硫化银沉淀,有时又为 $[Ag(S_2O_3)_2]^{3-}$ 配离子?

(4)如何区别下列物质:

①次氯酸钠和氯酸钠。

②三种酸性气体:氯化氢、二氧化硫、硫化氢。

③硫酸钠、亚硫酸钠、硫代硫酸钠、硫化钠。

(5)设计一张硫的各种氧化态转化关系图。

实验十八　p 区元素——氮族、碳、硅、硼、锡、铅

【实验目的】

(1)掌握亚硝酸、硝酸及其盐的部分性质,掌握 NO_2^-,NO_3^- 离子的鉴定。

(2)验证磷酸盐的溶解度,掌握磷酸根离子的鉴定。

(3)掌握 Bi(Ⅲ)的还原性及 Bi(Ⅴ)的氧化性。

(4)掌握硅酸盐的水解性,硼酸和硼砂的重要性质与鉴定,了解利用硼砂珠实验对某些物质进行鉴定的操作方法及现象。

(5)掌握铅(Ⅱ)、锡(Ⅱ)、锡(Ⅳ)氢氧化物的酸碱性及氧化还原性。

(6)了解 p 区常见金属元素的变价性及其硫化物性质。

【仪器和试剂】

铁架台,酒精灯,试管,离心试管,石棉网,研钵,离心机;pH 试纸,淀粉-碘化钾试纸,石蕊试纸,冰(固体),铂丝,PbO_2(固),NH_4Cl(固体),$(NH_4)_2Cr_2O_7$(晶体),硼酸(固),硼砂(固),$CaCl_2$,$CuSO_4·5H_2O$,$Co(NO_3)_2·6H_2O$,$NiSO_4·7H_2O$,$ZnSO_4·5H_2O$,$FeCl_3·6H_2O$,锌粒,$FeSO_4·7H_2O$(晶体),Cr_2O_3(固体),$Co(NO_3)_2$(固体),酒精,HCl(浓,6 mol·dm^{-3},2 mol·dm^{-3}),H_2SO_4

（浓，2 mol·dm^{-3}，1 mol·dm^{-3}），HNO$_3$（浓，2 mol·dm^{-3}），NaNO$_2$（饱和，0.5 mol·dm^{-3}），KI（0.1 mol·dm^{-3}），KMnO$_4$（0.02 mol·dm^{-3}），HAc（6 mol·dm^{-3}），Na$_3$PO$_4$（0.1 mol·dm^{-3}），Na$_2$HPO$_4$（0.1 mol·dm^{-3}），NaH$_2$PO$_4$（0.1 mol·dm^{-3}），AgNO$_3$（0.1 mol·dm^{-3}），CaCl$_2$（0.2 mol·dm^{-3}），NH$_3$·H$_2$O（浓，2 mol·dm^{-3}），HPO$_3$（0.1 mol·dm^{-3}），H$_3$PO$_4$（0.1 mol·dm^{-3}），K$_4$P$_2$O$_7$（0.1 mol·dm^{-3}），(NH$_4$)$_2$MoO$_4$（0.1 mol·dm^{-3}），Bi(NO$_3$)$_3$（2 mol·dm^{-3}），NaOH（6 mol·dm^{-3}，2 mol·dm^{-3}），硅酸钠（20%），NH$_4$Cl（饱和），硼砂（饱和），SnCl$_2$（0.5 mol·dm^{-3}），SnCl$_4$（0.5 mol·dm^{-3}），Pb(NO$_3$)$_2$（0.5 mol·dm^{-3}），FeCl$_3$（0.1 mol·dm^{-3}），MnSO$_4$（0.02 mol·dm^{-3}），Na$_2$S（1 mol·dm^{-3}），(NH$_4$)$_2$S（1 mol·dm^{-3}），(NH$_4$)$_2$S$_x$（1 mol·dm^{-3}），对氨基苯磺酸，α-萘胺，镁铵试剂，硫代乙酰胺。

【实验步骤】

一、氮族

（一）铵盐的热分解

（1）取 0.5 g 固体 NH$_4$Cl 于试管中，压紧，在试管口贴小片润湿的 pH 试纸，加热试管，观察试纸颜色变化，说明原因并写出相应的化学方程式。

（2）"火山爆发"取 0.5 g 研细的重铬酸铵晶体，放在石棉网上堆成锥形，往中间插灼热的玻璃棒，观察现象。

（二）硝酸和亚硝酸盐

1. 亚硝酸的生成

在两支试管中，一支加入 5 滴 2 mol·dm^{-3} H$_2$SO$_4$ 溶液，另一支加入 5 滴饱和 NaNO$_2$ 溶液。两支试管均在冰水中冷却后，将 H$_2$SO$_4$ 溶液倒入 NaNO$_2$ 溶液中继续冷却并观察现象。将试管自冰水中取出，放置片刻，又有什么现象？

2. 亚硝酸盐的氧化还原性

（1）在 2 滴 0.5 mol·dm^{-3} NaNO$_2$ 溶液中，滴入 2 滴 0.1 mol·dm^{-3} KI 溶液，有否变化？再滴加 2 mol·dm^{-3} H$_2$SO$_4$ 溶液，有何变化？

（2）在 2 滴 0.5 mol·dm^{-3} NaNO$_2$ 溶液中，滴入 1 滴 0.02 mol·dm^{-3} KMnO$_4$ 溶液，有否变化？再滴加 2 mol·dm^{-3} H$_2$SO$_4$ 溶液，有何现象？

通过上述反应说明亚硝酸盐具有什么性质？

3. NO$_2^-$ 的鉴定反应

在试管中加 1 滴 0.5 mol·dm^{-3} NaNO$_2$ 溶液，滴入一滴去离子水，再加几滴 6 mol·dm^{-3} HAc，然后加 1 滴对氨基苯磺酸和 1 滴 α-萘胺，溶液显粉红色，证明有 NO$_2^-$。当 NO$_2^-$ 浓度大时，粉红色很快消失，并生成黄色溶液或褐色沉淀，

所以当 NO_2^- 浓度较大时,应适当稀释,然后再照样鉴定。

4. 硝酸与金属的反应及硝酸根的鉴定

(1)往 1 mL 2 mol·dm^{-3} HNO_3 中加几粒锌粒,放置一段时间。取出少许溶液,检验有无 NH_4^+ 生成(用气室法)。实验后锌粒回收。

(2)往小试管中加入豆粒大的 $FeSO_4$·$7H_2O$ 晶体和 0.5 mol·dm^{-3} $NaNO_3$ 溶液,摇匀后斜持试管,沿管壁慢慢流入 1 滴管浓硫酸。由于浓硫酸的相对密度比上述液体大,流入试管底部形成两层(注意不要振荡),这时两层液体界面上有一棕色环产生。

(三)磷酸盐的生成

1. 磷酸银的生成

在点滴板中分别滴入 2 滴 0.1 mol·dm^{-3} Na_3PO_4、0.1 mol·dm^{-3} Na_2HPO_4 和 0.1 mol·$dm^{-3}$$NaH_2PO_4$ 溶液,用 pH 试纸测其 pH 值。然后各滴入 4~5 滴 $AgNO_3$ 溶液,观察现象并试纸测其 pH 值,说明原因。

2. 检验

分别在 3 支离心试管中滴入 4 滴 0.1 mol·dm^{-3} Na_3PO_4、Na_2HPO_4 和 NaH_2PO_4 溶液,再滴入 4 滴 0.2 mol·dm^{-3} 的 $CaCl_2$ 溶液,振荡均匀后,离心沉淀(试管中溶液不要吸出)。滴入几滴稀氨水有何变化?再加入稀盐酸又有何变化?以上实验说明什么问题?

(四)偏磷酸根、磷酸根、焦磷酸根的区别和鉴定

1. PO_3^-,PO_4^{3-},$P_2O_7^{4-}$ 的区别

取含上述三种酸根的溶液,分别滴加 $AgNO_3$ 溶液,观察现象。另取上述三种溶液分别加入稀 HAc 和鸡蛋白水溶液,观察现象。

2. 磷酸根离子的鉴定

(1)磷钼铵镁沉淀法:取 2 滴试液,滴入镁铵试剂,观察现象(溶液若为酸性,可用浓氨水调 pH 值约为 9 再进行实验)。

(2)磷钼酸铵法:在一支试管中滴入 2 滴 NaH_2PO_4 溶液、1 滴管 6 mol·$dm^{-3}$$HNO_3$ 及 8~10 滴 0.1 mol·$dm^{-3}$$(NH_4)_2MoO_4$ 溶液,即有黄色沉淀生成(若现象不明显可微热之,并用玻棒摩擦试管内壁)。

(五)Bi(Ⅲ)的还原性及 Bi(Ⅴ)的氧化性

在烧杯中加入少量硝酸铋(Ⅲ)溶液,在注入 6 mol·dm^{-3} NaOH 溶液和氯水,混合后体系显强碱性,加热,观察现象。倾去溶液,洗涤沉淀后再加浓盐酸于沉淀中,有何现象发生?如何鉴定所产生的气体?

二、碳族和硼

(一)硅酸盐的水解和微溶性硅酸盐的生成

1. 硅酸盐的水解

先用石蕊试纸检验 20％硅酸钠溶液的酸碱性,然后往盛有 1 mL 该溶液的试管中注入 2 mL 饱和 NH_4Cl 溶液,并微热。检验放出气体为何物。

2. 微溶性硅酸盐的生成("水中花园"实验)

在一只小烧杯中注入约2/3体积的 20％硅酸钠溶液,然后把 $CaCl_2$,$CuSO_4 \cdot 5H_2O$,$Co(NO_3)_2 \cdot 6H_2O$,$NiSO_4 \cdot 7H_2O$,$ZnSO_4 \cdot 5H_2O$,$FeCl_3 \cdot 6H_2O$ 晶体各一小粒投入杯内,记住它们的各自位置,1 h 后观察现象(实验完毕必须立即洗净烧杯,因为 Na_2SiO_3 对玻璃有腐蚀作用)。

(二)硼酸的性质和鉴定

(1)用 pH 试纸测饱和硼酸及硼砂溶液的 pH 值,解释原因。

(2)在蒸发皿(下面垫一石棉网)中放入绿豆粒大小的硼酸晶体、1 mL 酒精和几滴浓硫酸,混合后点火,观察火焰颜色。

(3)硼砂珠实验　将铂丝灼烧后,蘸取一些硼砂固体,在氧化焰中灼烧,并熔融成圆球(仔细观察硼砂珠的形成过程和硼砂珠的颜色、状态)。用灼热的硼砂珠蘸取及少量的硝酸钴,在氧化焰中烧融。冷却后观察硼砂珠颜色。把硼砂珠在氧化焰中灼烧至熔融,轻轻振动玻璃棒,使熔珠落下(落在石棉网上),然后重新制作硼砂珠,把硝酸钴换成三氧化二铬再实验。注意:沾上的硝酸钴、三氧化二铬固体应比米粒还要小。

(三)锡(Ⅱ)、铅(Ⅱ)氢氧化物的性质

1. $Sn(OH)_2$ 的生成和性质

用 2 滴 0.5 mol·dm^{-3} $SnCl_2$ 溶液与 2 滴 2 mol·dm^{-3} NaOH 溶液反应生成 $Sn(OH)_2$ 沉淀。如此制备两份沉淀,分别与稀酸和稀碱反应,有何现象?(与稀碱反应所得的溶液,可以接着做本实验(四)1.②)

2. $Pb(OH)_2$ 的生成和性质

用(三)1.相同的方法制备 $Pb(OH)_2$ 沉淀并验证其酸碱性。(思考沉淀与酸反应时选用何种酸)。

(四)锡(Ⅱ)的还原性和铅(Ⅳ)的氧化性

1. 锡(Ⅱ)的还原性

①试验 $SnCl_2$ 与 $FeCl_3$ 溶液的反应。②在8(1)中自制的亚锡酸钠溶液中,加入 2 滴 $Bi(NO_3)_3$ 溶液,观察现象。

2. 铅(Ⅳ)的氧化性

①在小试管中加入米粒大小的 PbO_2,滴入 1 滴浓盐酸,观察现象并鉴定气体产物(事先准备好试纸)。②在小试管中加入米粒大小的 PbO_2,加入 1 mL 稀硫酸及 2 滴 $MnSO_4$ 稀溶液,微热。观察现象(稍放置)。

(五)锡、铅难溶化合物的生成和性质

1. 锡(Ⅱ)与锡(Ⅳ)硫化物性质比较

取两支试管各加入 5 滴 $SnCl_2$、$SnCl_4$ 溶液,每支试管中加入硫代乙酰胺溶液,微热,观察沉淀颜色。倾去上层清液,每份沉淀分成两份,分别与 1 mol·dm^{-3} Na_2S 和 $(NH_4)_2S_x$ 溶液反应。

2. 铅(Ⅱ)的硫化物

往盛有 $Pb(NO_3)_2$ 溶液的试管中加入硫代乙酰胺溶液,微热,观察沉淀颜色,分别试验沉淀在 2 mol·dm^{-3} HCl、1 mol·dm^{-3} Na_2S、$(NH_4)_2S_x$、HNO_3(浓)中的溶解情况。

通过以上实验总结铅(Ⅱ)、锡(Ⅱ)、锡(Ⅳ)硫化物的颜色及溶解性。

【思考题】

(1)干燥氨气应选用何种干燥剂?能否用 $CaCl_2$?为什么?

(2)用 $Pb(NO_3)_2$ 和 HCl 溶液制取 $PbCl_2$ 沉淀,是否 HCl 溶液加的愈多,$PbCl_2$ 沉淀愈完全?

(3)如何分离 SnS,Sb_2S_3,PbS?

(4)如何配制 $SnCl_2$ 溶液?

实验十九　ds 区元素——铜、银、锌、镉、汞

【实验目的】

(1)掌握 Cu,Ag,Zn,Cd,Hg 氧化物或氢氧化物的生成、酸碱性和稳定性。

(2)掌握 Cu(Ⅰ)与 Cu(Ⅱ)、Hg(Ⅰ)与 Hg(Ⅱ)的重要化合物性质及其相互转化。

(3)掌握 Cu,Ag,Zn,Cd,Hg 重要配合物的性质。

(4)掌握 Cu^{2+},Ag^+,Zn^{2+},Hg^{2+} 的分离方法。

【试剂与仪器】

离心机、试管;铜粉、$CuSO_4$(0.1 mol·dm^{-3})、$CuCl_2$(1 mol·dm^{-3})、$AgNO_3$(0.1 mol·dm^{-3})、$ZnSO_4$(0.1 mol·dm^{-3})、$CdSO_4$(0.1 mol·dm^{-3})、$Hg(NO_3)_2$(0.1 mol·dm^{-3})、$Hg_2(NO_3)_2$(0.1 mol·dm^{-3})、NaOH(2 mol·dm^{-3})、NH_3·H_2O(2 mol·dm^{-3},6 mol·dm^{-3})、HNO_3(6 mol·dm^{-3})、浓

HCl、KI($0.1 \text{ mol} \cdot \text{dm}^{-3}$,饱和)、$Na_2S_2O_3$($0.1 \text{ mol} \cdot \text{dm}^{-3}$)、NaCl($0.1 \text{ mol} \cdot \text{dm}^{-3}$)、NaBr($0.1 \text{ mol} \cdot \text{dm}^{-3}$)、葡萄糖(10%)。

【实验步骤】

1. ds 区元素氢氧化物的生成与性质

分别取 $0.1 \text{ mol} \cdot \text{dm}^{-3}$ $CuSO_4$、$AgNO_3$、$ZnSO_4$、$CdSO_4$、$Hg(NO_3)_2$、$Hg_2(NO_3)_2$ 溶液各 5 滴于 6 支小试管中,各滴加 $2 \text{ mol} \cdot \text{dm}^{-3}$ NaOH 溶液,观察现象,并验证沉淀的酸碱性。

2. ds 区元素离子与氨水的反应

分别取 $0.1 \text{ mol} \cdot \text{dm}^{-3}$ $CuSO_4$、$AgNO_3$、$ZnSO_4$、$CdSO_4$、$Hg(NO_3)_2$、$Hg_2(NO_3)_2$ 溶液各 10 滴于 6 支小试管中,各滴加 $2 \text{ mol} \cdot \text{dm}^{-3}$ 氨水,观察沉淀的生成与溶解。并试验沉淀是否溶于过量的 $6 \text{ mol} \cdot \text{dm}^{-3}$ 氨水。

3. ds 区元素离子与 I^- 的反应和 Hg(Ⅰ)与 Hg(Ⅱ)的转化

分别取 5 滴 $0.1 \text{ mol} \cdot \text{dm}^{-3}$ $CuSO_4$、$AgNO_3$、$ZnSO_4$、$CdSO_4$、$Hg(NO_3)_2$、$Hg_2(NO_3)_2$ 溶液。各滴加 $0.1 \text{ mol} \cdot \text{dm}^{-3}$ KI 溶液。若有沉淀,观察沉淀颜色,并试验沉淀是否溶于过量的饱和 KI 溶液。有 I_2 生成者,加入几滴 $0.1 \text{ mol} \cdot \text{dm}^{-3}$ $Na_2S_2O_3$ 溶液,至 I_2 完全变为 I^- 后,再向沉淀中滴加饱和 KI 溶液,有何现象?

4. Cu(Ⅱ)的氧化性和 Cu(Ⅰ)与 Cu(Ⅱ)的转化

取 $1 \text{ mol} \cdot \text{dm}^{-3}$ $CuCl_2$ 溶液 1 mL 于试管中,加入少量铜粉和 1 滴浓 HCl,加热至沸,待溶液呈棕黄色时,停止加热,静置,将上层清液倾入盛有 15 mL 蒸馏水小烧杯中,观察白色沉淀的生成。静置,用倾析法洗涤白色沉淀两次,分别进行下列试验并观察现象:①向沉淀滴加浓 HCl;②向沉淀滴加 $6 \text{ mol} \cdot \text{dm}^{-3}$ 氨水。

5. AgX 的生成与溶解性

取 3 份 10 滴 $0.1 \text{ mol} \cdot \text{dm}^{-3}$ $AgNO_3$ 溶液,分别加入等量 $0.1 \text{ mol} \cdot \text{dm}^{-3}$ NaCl,NaBr,KI 溶液,观察沉淀颜色。离心分离,弃去清液。实验沉淀在 $2 \text{ mol} \cdot \text{dm}^{-3}$ 氨水和 $0.1 \text{ mol} \cdot \text{dm}^{-3}$ $Na_2S_2O_3$ 溶液中的溶解度,并归纳 AgX 的溶解性大小。

6. 银镜反应

在洁净的试管中加入 $0.1 \text{ mol} \cdot \text{dm}^{-3}$ $AgNO_3$ 溶液 1 mL,滴加 $2 \text{ mol} \cdot \text{dm}^{-3}$ 氨水至形成的沉淀恰好溶解为止。然后加入 5 滴 10% 葡萄糖溶液,摇匀后静置于水浴中加热,观察管壁银镜的生成。

7. 设计并完成

(1)某试液中含有 Ag^+,Pb^{2+},Zn^{2+} 和 Cu^{2+} 4 种离子,设计分离方案。

(2)试选用一种试剂将 Cu^{2+}，Zn^{2+} 和 Hg^{2+} 加以区别。

【思考题】

(1)根据实验结果，比较 ds 区、s 区元素的氢氧化物的颜色、酸碱性、溶解性、价态变化和生成配合物的能力。

(2)实验 ds 区元素氢氧化物的碱性应选用 HCl 还是 HNO_3？为什么？

(3)$Hg(NO_3)_2$ 和 $Hg_2(NO_3)_2$ 与 KI 的作用有何不同？

(4)为什么在 $CuSO_4$ 溶液中加入 KI 即产生 CuI 沉淀，而加 KCl 则不出现 CuCl 沉淀，怎样才能得到 CuCl 沉淀？

(5)银镜制作是利用银离子的什么性质？反应前为何要先将 Ag^+ 变成 $Ag(NH_3)_2^+$？若用葡萄糖直接还原 $AgNO_3$ 溶液能否制得银镜？为什么？

实验二十　d 区元素——铬、锰、铁、钴、镍

【实验目的】

(1)掌握 Cr、Mn、Fe、Co、Ni 的氢氧化物的生成、酸碱性及 Co、Ni 氢氧化物的氧化还原性。

(2)掌握 Cr、Mn、Fe、Co、Ni 的重要化合物可变价态的氧化还原性及其变化规律。

(3)掌握 Fe、Co、Ni 配合物的生成及其性质；

(4)掌握 Fe^{2+}、Fe^{3+}、Co^{2+}、Ni^{2+} 等离子的鉴定方法。

【试剂与仪器】

离心机、试管；淀粉-KI 试纸、pH 试纸、$NaBiO_3$（固体）、MnO_2（固体）、KSCN（固体）、乙醚、丙酮、浓盐酸、NaClO、$Cr_2(SO_4)_3$（0.1 mol · dm^{-3}）、$MnSO_4$（0.1 mol · dm^{-3}）、$(NH_4)_2Fe(SO_4)_2$（0.1 mol · dm^{-3}）、$FeCl_3$（0.1 mol · dm^{-3}）、$CoCl_2$（0.1 mol · dm^{-3}）、$NiSO_4$（0.1 mol · dm^{-3}）、NaOH（2 mol · dm^{-3}，6 mol · dm^{-3}）、NaOH（40%）、NH_3 · H_2O（6 mol · dm^{-3}）、HCl（2 mol · dm^{-3}）、H_2SO_4（2 mol · dm^{-3}）、HNO_3（6 mol · dm^{-3}）、H_2O_2（3%）、$K_2Cr_2O_7$（0.1 mol · dm^{-3}）、K_2CrO_4（0.1 mol · dm^{-3}）、Na_2SO_3（0.1 mol · dm^{-3}）、$BaCl_2$（0.1 mol · dm^{-3}）、$Pb(NO_3)_2$（0.1 mol · dm^{-3}）、$AgNO_3$（0.1 mol · dm^{-3}）、$KMnO_4$（0.01 mol · dm^{-3}）、KSCN（1 mol · dm^{-3}）、NaF（1 mol · dm^{-3}）。

【实验步骤】

(一)氢氧化物的生成与性质

分别取 0.1 mol · dm^{-3} 的 $Cr_2(SO_4)_3$、$MnSO_4$、$(NH_4)_2Fe(SO_4)_2$、$FeCl_3$、

$CoCl_2$、$NiSO_4$溶液各 5 滴于 6 支小试管中,各滴加 2 mol·dm^{-3}NaOH 溶液,观察现象,并验证沉淀的酸碱性及 Mn(Ⅱ)、Fe(Ⅱ)及 Co(Ⅱ)的氢氧化物在空气中的稳定性。归纳出 Fe(Ⅱ)、Co(Ⅱ)和 Ni(Ⅱ)的氢氧化物的酸碱性和还原性强弱的顺序。

(二)铬的重要化合物的性质

1. 碱性介质中 Cr(Ⅲ)的还原性

取 5 滴 0.1 mol·$dm^{-3}Cr_2(SO_4)_3$溶液,滴加 2 mol·dm^{-3}NaOH 溶液至沉淀溶解,再加入 5 滴 3% H_2O_2溶液,观察溶液颜色的变化。

2. 酸性介质中 Cr(Ⅵ)的氧化性

取 5 滴 0.1 mol·$dm^{-3}K_2Cr_2O_7$溶液,滴加 1 滴 2 mol·$dm^{-3}H_2SO_4$溶液,再加入 5 滴 0.1 mol·$dm^{-3}Na_2SO_3$溶液,观察现象。

3. 铬酸盐的生成

①测出 0.1 mol·dm^{-3}的 K_2CrO_4 和 $K_2Cr_2O_7$ 溶液的 pH 值。②取三份 0.1 mol·$dm^{-3}K_2Cr_2O_7$溶液各 5 滴,分别滴加 3 滴 0.1 mol·dm^{-3}的 $BaCl_2$、$Pb(NO_3)_2$、$AgNO_3$溶液后,再测溶液的 pH 值,并观察沉淀的颜色。试验沉淀是否溶于 6 mol·dm^{-3}的 HNO_3。

(三)锰的重要化合物的性质

(1)Mn(Ⅱ)的还原性。①取 2 滴 0.1 mol·dm^{-3}MnSO_4$溶液,加入 10 滴 0.01 mol·$dm^{-3}$KMnO_4$溶液,观察现象。②取 5 滴 0.1 mol·dm^{-3}MnSO_4$溶液,加入 2 滴 6 mol·$dm^{-3}HNO_3酸化,再加入少量 $NaBiO_3$固体,加热后离心沉降,观察溶液颜色的变化。

(2)Mn(Ⅳ)的氧化还原性。①取少量 MnO_2固体,加入 0.5 mL 浓盐酸,微热并检验有无 Cl_2产生。②取少量 MnO_2固体,加入 10 滴 0.01 mol·dm^{-3}KMnO_4$溶液和 10 滴 6 mol·$dm^{-3}$ NaOH 溶液,微热,观察溶液颜色的变化。

(3)Mn(Ⅶ)的氧化性。取 0.01 mol·dm^{-3}KMnO_4$溶液各 5 滴于 3 支小试管中,然后分别加入 1 滴 2 mol·$dm^{-3}H_2SO_4$、1 滴 H_2O 和 1 滴 6 mol·dm^{-3} NaOH 溶液,再在各试管中滴加 10 滴 0.1 mol·dm^{-3}Na_2SO_3$溶液,观察溶液颜色的变化(注意加药品的次序)。

(四)铁、钴、镍的重要化合物的性质

1. Fe(Ⅲ)、Co(Ⅲ)和 Ni(Ⅲ)的氧化性

(1)$Fe(OH)_3$的生成和性质:取 0.1 mol·dm^{-3}FeCl_3$溶液 5 滴,加入 2 mol·$dm^{-3}$NaOH 溶液 2 滴,再加 1 滴浓盐酸,观察现象。

(2)$Co(OH)_3$的生成和性质:用离心试管制备一份 $Co(OH)_2$,然后滴加

NaClO 溶液,观察沉淀颜色变化。再加入 2 滴浓盐酸,观察是否有气体放出。如何检验生成的气体?

(3)$Ni(OH)_3$ 的生成和性质:用 $NiSO_4$ 溶液制备一份 $Ni(OH)_2$,其余与②相同。

归纳 Fe(Ⅲ)、Co(Ⅲ)和 Ni(Ⅲ)的氧化性强弱的顺序。

2. Co 和 Ni 的氨配合物

(1)取 0.1 mol·dm^{-3}CoCl$_2$溶液 5 滴,滴加 6 mol·dm^{-3}氨水,注意观察现象。

(2)取 0.1 mol·dm^{-3}NiSO$_4$溶液 5 滴,其余与①相同。

3. Fe 和 Co 的硫氰配合物

(1)取 0.1 mol·dm^{-3}FeCl$_3$溶液 5 滴,加入 1 mol·dm^{-3}KSCN 溶液 2 滴,再滴加 NaF 溶液,观察溶液颜色的变化。

(2)取 0.1 mol·dm^{-3}CoCl$_2$溶液 5 滴,加入少量 KSCN 固体,再加入 2 滴丙酮,注意观察现象。

【思考题】

(1)向 K_2CrO_4 溶液中通入 CO_2 时,会发生什么变化?

(2)$Mn(OH)_2$是白色的,为什么在空气中逐渐变为棕色? 请写出反应方程式。

(3)黄色的 $BaCrO_4$ 沉淀溶解在浓盐酸溶液中时,溶液变为绿色,为什么?

(4)解释下列问题:

①向 $FeCl_3$ 溶液中加入 KSCN 溶液时出现血红色,但加入少许铁粉后,血红色消失,为什么? 若是加入 NaF 溶液,会有何现象? 为什么?

②向 $FeCl_3$ 溶液中加入 Na_2CO_3 溶液,会有何现象? 为什么?

③能否在水溶液中用 Fe(Ⅲ)盐与 KI 反应制得 FeI_3?

实验二十一　硝酸钾的制备及提纯

【实验目的】

(1)学习根据不同温度下溶解度的差别来制备易溶盐的原理和方法。

(2)了解结晶和重结晶的一般原理和方法。

(3)掌握固体溶解、加热、蒸发的基本操作。

(4)掌握抽滤(包括常压过滤、减压过滤和热过滤)的基本操作。

【实验原理】

本实验用 KCl 和 NaNO$_3$来制备 KNO$_3$,其反应式为:

$$NaNO_3 + KCl = KNO_3 + NaCl$$

当 KCl 和 $NaNO_3$ 溶液混合时,在混合液中同时存在 Na^+、K^+、Cl^-、NO_3^-,由四种离子组成四种盐 KNO_3、KCl、$NaNO_3$、NaCl 同时存在于溶液中。本实验简单地利用四种盐在不同温度下水中的溶解度差异来分离出 KNO_3 结晶体。在 20℃时,除 $NaNO_3$ 以外,其他三种盐的溶解度都差不多,因此不能使 KNO_3 晶体析出(溶解度数据见表 5-1)。但是随着温度的升高,NaCl 的溶解度几乎没有多大改变,而 KNO_3 的溶解度却增大得很快。因此只要把 $NaNO_3$ 和 KCl 的混合溶液加热,在高温时 NaCl 的溶解度小,趁热把它滤去,然后冷却滤液,KNO_3 则会因为温度下降而析出。初次结晶中会含有一些可溶性杂质,为了进一步除去杂质,可采用重结晶方法进行提纯。

表 5-1 四种盐在不同温度下水中的溶解度/($g/100\ g\ H_2O$)

盐 \ 温度/℃ 溶解度	0	20	40	70	100
KNO_3	13.3	31.6	63.9	138.0	246
KCl	27.6	34.0	40.0	48.3	56.7
$NaNO_3$	73.0	88.0	104.0	136.0	180.0
NaCl	35.7	36.0	36.6	37.8	39.8

【仪器和试剂】

循环水泵,抽滤装置,烧杯(50 mL);$NaNO_3$(固),KCl(固),KNO_3(饱和溶液),$AgNO_3$(0.1 mol·dm^{-3})。

【实验步骤】

1. KNO_3 的制备

在 100 mL 烧杯中加入 10 g KCl 和 11.3 g $NaNO_3$,再加入 30 mL 蒸馏水。将烧杯放在石棉网上,用小火加热、搅拌,使其溶解,继续加热蒸发至原体积的 2/3,这时烧杯内开始有较多晶体析出(什么晶体?)。趁热减压过滤,滤液中很快出现晶体(这又是什么晶体?)

另取沸水 10 mL 加入吸滤瓶,使结晶重新溶解,并将溶液转移至烧杯中缓慢加热,蒸发至原有体积的 3/4,静置、冷却(可用冷水浴冷却),待结晶重新析出,再进行减压过滤。用饱和 KNO_3 溶液滴洗两遍,将晶体抽干、称重、计算实际产率。

将粗产品保留少许(0.2 g)供纯度检验用,其余产品进行下面重结晶。

2. KNO₃的提纯

按重量比 KNO₃：H₂O＝1.5：1 的比例(该比例根据实验时的温度参照 KNO₃的溶解度适当调整)，将粗产品溶于所需的蒸馏水中，加热并搅拌，使溶液刚刚沸腾即停止加热(此时，若晶体尚未溶解完，可加适量蒸馏水使其刚好溶解完)。冷却到室温后，抽滤，并用滴管逐滴滴加饱和 KNO₃溶液 4～6 mL 于晶体的各部位洗涤、抽干、称量并计算产率。

3. 产品纯度的检验

取少许粗产品和重结晶后所得 KNO₃晶体各 0.2 g 分别置于两支试管，加入 1 mL 蒸馏水配成溶液，然后各滴加 2 滴 0.1 mol·dm⁻³ AgNO₃溶液，观察现象，并作出结论。

【思考题】

(1)根据实验说明表中四种盐溶解度的数据，粗略绘制 KNO₃等四种盐溶解度曲线。

(2)产品的主要杂质是什么？

(3)为什么制备硝酸钾时要将溶液加热？为什么要进行热过滤？能否将除去 NaCl 后的滤液直接冷却制取 KNO₃？

(4)重结晶时，硝酸钾与水的比例为 1.5：1 的依据是什么？

(5)从有关化学手册中查出 NH₄NO₃ 和 KCl 的溶解度数据，设计出由 NH₄NO₃和 KCl 为原料制备 KNO₃的简要方案。

实验二十二　硫酸亚铁铵的制备及铁(Ⅲ)的限量分析

【实验目的】

(1)了解复盐的制备方法。

(2)练习水浴加热和减压过滤等操作。

(3)了解目视比色的方法。

【实验原理】

硫酸亚铁铵[FeSO₄·(NH₄)₂SO₄·6H₂O]俗称摩尔盐，为浅绿色单斜晶体。因为它在水中的溶解度比 FeSO₄和(NH₄)₂SO₄的溶解度都小，所以含有 FeSO₄和(NH₄)₂SO₄的溶液经蒸发浓缩、冷却结晶，可以得到硫酸亚铁铵。

$$FeSO_4 + (NH_4)_2SO_4 + 6H_2O = FeSO_4 \cdot (NH_4)_2SO_4 \cdot 6H_2O$$

本实验中用铁屑溶于稀硫酸制备硫酸亚铁，即：

$$Fe + H_2SO_4 = FeSO_4 + H_2 \uparrow$$

然后把生成的硫酸亚铁溶液与等物质的量的硫酸铵溶液混合,并蒸发浓缩、冷却结晶即可制备硫酸亚铁铵。

一般亚铁盐在空气中都易被氧化,但形成复盐后却比较稳定,不易被氧化。

【仪器和试剂】

抽滤瓶,布氏漏斗,锥形瓶(250 mL),蒸发皿,表面皿,量筒(50 mL),电子天平(电子秤)(±0.01 g),水浴锅(10 mL),比色管(25 mL);铁屑,$(NH_4)_2SO_4$(固),H_2SO_4(3 mol·dm^{-3}),HCl(3 mol·dm^{-3}),Na_2CO_3(10%),KSCN(饱和溶液)。

【实验步骤】

1. 铁屑的清洗(去油污)

称取 6.00 g 铁屑放于锥形瓶中,加入 40 mL 10% Na_2CO_3 溶液,水浴加热 10 min,倾去碱液,水洗铁屑至中性。

2. 硫酸亚铁的制备

盛有铁屑的锥形瓶中加入 40 mL 3 mol·dm^{-3} H_2SO_4,盖上表面皿,水浴加热反应约 50 min。若 pH 大于 2,要及时补充 H_2SO_4。若液面有晶膜出现,则及时补充蒸发掉的水,趁热抽滤,保留滤液。

3. 硫酸亚铁铵的制备

根据硫酸亚铁的理论产量,按照 $FeSO_4$ 与 $(NH_4)_2SO_4$ 物质的量比 1∶0.75 称取 $(NH_4)_2SO_4$ 固体,使其溶于 20 mL 热水中,所得溶液与 $FeSO_4$ 溶液混合后转移至蒸发皿中。水浴加热至有晶膜出现,冷却即有硫酸亚铁铵晶体析出。减压过滤,晶体在滤纸上吸干,观察产品颜色和形状,后称重计算产率。

4. 产品检验——铁(Ⅲ)的分析

(1)Fe^{3+} 标准液的配制:准确称取 0.863 4 g 硫酸高铁铵($NH_4Fe(SO_4)_2$·$12H_2O$,铁钒铵),溶解于少量蒸馏水中,并加入 2.5 mL 浓 H_2SO_4,定量转移到 1 000 mL 容量瓶中,用蒸馏水稀释至刻度,摇匀备用。此溶液为 0.100 0 g·L^{-1} Fe^{3+} 溶液。

(2)标准色阶的配制:取 0.50 mL Fe^{3+} 标准溶液于 25 mL 比色管中,加 2 mL 3 mol·dm^{-3} HCl 和 1 mL 饱和的 KSCN 溶液,用蒸馏水稀释至刻度,摇匀,配制成 Fe 标准液(含 Fe^{3+} 为 0.05 mg·g^{-1})。

同样,分别取 1.00 mL Fe(Ⅲ)和 2.00 mL Fe(Ⅲ)标准溶液,配制成 Fe 标准液(含 Fe^{3+} 分别为 0.10 mg·g^{-1}、0.20 mg·g^{-1})。

(3)产品级别的确定:称 1.00 g 样品置于 25 mL 比色管中,加入 15 mL 除氧的蒸馏水溶解,再加入 2 mL 3 mol·dm^{-3} HCl 和 1 mL 饱和 KSCN 溶液,继续加除氧的蒸馏水至 25 mL 刻度线,摇匀,与标准色阶进行目视比色,确定产品级别。

表 5-2 Fe^{3+} 在不同等级硫酸亚铁铵产品中的含量

产品等级	Ⅰ级	Ⅱ级	Ⅲ级
$w_{Fe^{3+}} \times 100$	0.005	0.01	0.02

　　该产品分析方法是将成品配制成溶液与各标准溶液进行比色,以确定杂质含量范围。如果成品溶液的颜色不深于标准溶液,则认为杂质含量低于某一规定限度,这种分析方法称为限量分析。

【思考题】

　　(1)计算硫酸亚铁铵的产量时,应该以 Fe 的量为标准,还是以$(NH_4)_2SO_4$的量为标准?

　　(2)检验产品中 Fe^{3+} 时,为什么使用除氧的蒸馏水?

　　(3)在制备过程为什么要保持溶液为强酸性?

实验二十三   硫代硫酸钠的制备

【实验目的】

　　(1)了解硫代硫酸钠的制备方法。

　　(2)学习硫代硫酸根的定性鉴定方法。

【实验原理】

　　硫代硫酸钠用途广泛,在分析化学中常用来定量测定碘,在纺织工业和造纸业用做脱氯剂,摄影业中用做定影剂,医药中用做急救解毒剂。

　　亚硫酸钠溶液在沸腾温度下与硫粉化合,可制得硫代硫酸钠:

$$Na_2SO_3 + S \stackrel{\triangle}{=\!=} Na_2S_2O_3$$

常温下从溶液中结晶出来的硫代硫酸钠为 $Na_2S_2O_3 \cdot 5H_2O$。

$$Na_2S_2O_3 + 5H_2O = Na_2S_2O_3 \cdot 5H_2O$$

【仪器和试剂】

　　25 mL 比色管,烧杯;$Na_2SO_3 \cdot 5H_2O(s)$,硫粉,$AgNO_3(0.1 \ mol \cdot dm^{-3})$,乙醇。

【实验步骤】

　　1. $Na_2S_2O_3$ 的制备

　　称取 2 g 研碎的硫粉,置于 100 mL 烧杯中,加 1 mL 乙醇使其润湿。再加入 6 g $Na_2SO_3(s)$和 30 mL 水,加热,搅拌。待溶液沸腾后小火加热,在不断搅拌下保持沸腾状态不少于 40 min,直至剩余少许硫粉悬浮在溶液中(此时溶液体积不应少于 20 mL,若太少可加水补充)。趁热过滤,滤液转移至蒸发皿中,水浴加热,蒸发滤液至有微黄色浑浊为止。冷至室温,即有大量晶体析出(若冷却时间较长而无晶体析出,可搅拌或投入一粒 $Na_2S_2O_3$ 晶体促使晶体析出)。减压过滤,并用少量乙醇洗涤晶体,抽干,用吸水纸吸干,称量,计算产率。

2. 产品的定性检验

取一小粒产品于点滴板上,加蒸馏水使其溶解,然后再滴入 0.1 mol・dm^{-3} $AgNO_3$ 溶液,观察沉淀的生成及颜色变化。写出反应方程式。

【思考题】

(1)要想提高 $Na_2S_2O_3$ 的产率与纯度,实验中要注意哪些问题?

(2)过滤所得产品晶体为什么要用乙醇洗涤?

(3)所得产品晶体一般只能在 40℃～50℃烘干,温度高了,会有什么后果?

实验二十四　碱式碳酸铜的制备

【实验目的】

(1)学习碱式碳酸铜的制备方法。

(2)了解影响碱式碳酸铜制备的主要因素。

(3)确定合理的碱式碳酸铜制备条件。

【实验原理】

碱式碳酸铜 $Cu_2(OH)_2CO_3$ 为天然孔雀石的主要成分,呈暗绿色或淡蓝绿色粉末,俗称孔雀绿,密度为 4.0 g・cm^{-3},在水中的溶解度很小,溶于酸,加热至 200℃即分解。碱式碳酸铜可用于制备颜料、杀虫剂、灭菌剂和信号弹等。

将碳酸钠溶液加入到铜盐中,可得碱式碳酸铜沉淀:

$$2CuSO_4 + 2Na_2CO_3 + H_2O = Cu_2(OH)_2CO_3 \downarrow + 2Na_2SO_4 + CO_2 \uparrow$$

【仪器和试剂】

烧杯,试管,玻璃棒,温度计,恒温水浴锅;$CuSO_4 \cdot 5H_2O$(固体),Na_2CO_3(固体),0.01 mol・dm^{-3} $BaCl_2$ 溶液。

【实验步骤】

(一)反应物溶液的配制

(1)0.5 mol・dm^{-3} 的 $CuSO_4$ 配制:称取 $CuSO_4 \cdot 5H_2O$(固体)12.5 g 放入烧杯中,加水溶解并稀释至 100 mL,备用。

(2)0.5 mol·dm^{-3} 的 Na$_2$CO$_3$ 溶液配制:称取 Na$_2$CO$_3$(固体)5.3 g 放入烧杯中,加水溶解稀释至 100 mL,备用。

(二)反应条件的考察

1. CuSO$_4$ 和 Na$_2$CO$_3$ 溶液的配比

取 4 支试管均加入 2.0 mL 0.5 mol·dm^{-3} CuSO$_4$ 溶液,再分别将 0.5 mol·dm^{-3} Na$_2$CO$_3$ 溶液 1.6 mL,2.0 mL,2.4 mL 及 2.8 mL 依次加入另外四支编号的试管中。将八支试管放在 75℃ 的恒温水浴中,几分钟后,将 CuSO$_4$ 溶液分别依次倒入 Na$_2$CO$_3$ 溶液中,振荡试管,观察比较各试管中沉淀生成的速度、沉淀的数量及颜色,从中得出两种反应物最佳配比。

编号 项目	1	2	3	4
CuSO$_4$ 溶液的体积/mL		2.0		
Na$_2$CO$_3$ 溶液的体积/mL	1.6	2.0	2.4	2.8
Na$_2$CO$_3$/CuSO$_4$(物质的量比)	0.8	1	1.2	1.4
沉淀生成速度的快慢				
沉淀的数量				
沉淀的颜色				

2. 反应温度

在 3 支试管中,各加入 2.0 mL 0.5 mol·dm^{-3} CuSO$_4$ 溶液。另取 3 支试管,各加入由上述实验得到的合适用量的 0.5 mol·dm^{-3} Na$_2$CO$_3$ 溶液。从这两组试管中各取 1 支,将它们分别置于室温、50℃、100℃ 的恒温水浴中,数分钟后将 CuSO$_4$ 溶液倒入 Na$_2$CO$_3$ 溶液中,振荡并观察现象,由实验结果确定制备反应的合适温度。

编号 项目	1	2	3
CuSO$_4$ 溶液的体积/mL	2.0	2.0	2.0
Na$_2$CO$_3$ 溶液的体积/mL			
水浴温度/℃	室温	50	100
沉淀生成速度的快慢			
沉淀的数量			
沉淀的颜色			

（三）碱式碳酸铜的制备

取 60 mL 0.5 mol·dm⁻³CuSO₄溶液，根据上面实验确定的反应物合适比例及适宜温度制取碱式碳酸铜。待沉淀完全后，用蒸馏水洗涤沉淀数次，直到沉淀中不含 SO_4^{2-} 为止，吸干。

将所得产品在烘箱中于 100℃烘干，待冷至室温后称量，并计算产率。

【思考题】

（1）除反应物的配比和反应的温度对本实验的结果有影响外，反应物的种类、反应进行的时间等因素是否对产物的质量也会有影响？

（2）设计一个较简单的实验，来测定碱式碳酸铜的百分含量，从而分析你所制得的碱式碳酸铜的质量。

实验二十五　Na₂CO₃的制备和含量测定

【实验目的】

（1）了解工业上联合制碱法的基本原理。

（2）学习利用盐类溶解度的差异，通过复分解及热分解反应制备 Na₂CO₃的方法。

（3）巩固溶解、水浴加热、减压过滤、冷却、结晶、固液分离等基本操作。

（4）学会双指示剂法测定 Na₂CO₃的含量。

【实验原理】

1. Na₂CO₃的制备原理

Na₂CO₃又名苏打，工业上叫纯碱，用途广泛。工业上的联合制碱法是将 CO_2 和氨气通入 NaCl 溶液中，先生成 $NaHCO_3$，再在高温下灼烧 $NaHCO_3$ 使其转化为 Na₂CO₃（干态 $NaHCO_3$，在 270℃下分解），反应式如下：

$$NH_3 + CO_2 + H_2O + NaCl \longrightarrow NaHCO_3 \downarrow + NH_4Cl$$

$$2NaHCO_3 \xrightarrow{\text{灼烧}} Na_2CO_3 + CO_2 \uparrow + H_2O$$

上述第一个反应实质上是 NH_4HCO_3 与 NaCl 在水溶液中的复分解反应：

$$NH_4HCO_3 + NaCl \longrightarrow NaHCO_3 \downarrow + NH_4Cl$$

因此，在实验室里可直接用 NH_4HCO_3 与 NaCl 溶液作用生成 $NaHCO_3$，$NaHCO_3$ 在一定的温度条件下热分解制备 Na₂CO₃。

由于粗食盐中有 Ca^{2+}、Mg^{2+} 等离子，当与 NH_4HCO_3 反应时会生成 $Ca(HCO_3)_2$ 和 $Mg(HCO_3)_2$ 等杂质。它们的溶解度均较小，在产品中一起沉淀,影响产品的质量,因此,必须进行粗盐精制。粗盐水精制可采用加入饱和 Na_2CO_3 溶液调节 pH=10.0,使之生成碱式碳酸镁和碳酸钙沉淀,过滤除去。

溶液中同时存在 NaCl、NH_4HCO_3、$NaHCO_3$、NH_4Cl 四种盐时,这在相图上叫做四元交互体系。它们在不同温度下四种盐的溶解度见表 5-3。将不同温度下各种盐的溶解度作比较,可以选择出最佳的反应温度与各个盐的溶解度的关系,得到高质量和高产量的产品。

表 5-3　四种盐在不同温度下的溶解度(g/100 g 水)

盐 ＼溶解度 ＼温度/℃	0	10	20	30	40	50	60	70	80	90	100
NaCl	35.7	35.8	36.0	36.3	36.6	37.0	37.3	37.8	38.4	39.0	39.8
NH_4HCO_3	11.9	15.8	21.0	27.0	—	—	—	—	—	—	—
$NaHCO_3$	6.9	8.2	9.6	11.1	12.7	14.5	16.4	—	—	—	—
NH_4Cl	29.4	33.3	37.2	41.4	45.8	50.4	55.2	60.2	65.6	71.3	77.3

从表 5-3 可知,温度在 40℃时,NH_4HCO_3 已经分解,实际上在 35℃时就大量分解了,因此整个反应的温度不能超过 35℃。但是温度若太低,NH_4HCO_3 的溶解度又减小,要使反应最大限度地向生成 $NaHCO_3$ 的方向移动,必须要求 NH_4HCO_3 的溶解度尽可能的大,所以反应温度不宜低于 30℃。同时在 30℃～35℃内,$NaHCO_3$ 的溶解度在四种盐中是最低的。因此在 30℃～35℃时将 NH_4HCO_3 加到 NaCl 溶液中,充分搅拌即可使复分解反应进行,并随即有 $NaHCO_3$ 晶体析出。

2. Na_2CO_3 含量的测定原理

Na_2CO_3 产品中常常因为热分解 $NaHCO_3$ 的时间不足或未达分解温度而夹杂少量 $NaHCO_3$。一般情况下,其他杂质不易混进去。因此,通常只分析 Na_2CO_3 和 $NaHCO_3$ 两项即可。

Na_2CO_3 水解是分两步进行的,故用 HCl 标准溶液滴定 Na_2CO_3 时,反应也分两步进行:

$$Na_2CO_3 + HCl \longrightarrow NaHCO_3 + NaCl$$

$$NaHCO_3 + HCl \longrightarrow NaCl + CO_2 \uparrow + H_2O$$

由反应式可知,如果是纯的 Na_2CO_3,滴定时两步反应消耗的 HCl 体积应该是相等的;若产品中含有 $NaHCO_3$,则第二步反应消耗的 HCl 体积要比第一步反应多一些。

第一步反应产物是 Na_2HCO_3,此时溶液 pH≈8.5;第二步反应结束时溶液

pH≈4.0,根据这两个 pH 值可以分别选择酸碱指示剂酚酞[变色范围 8.0(无色)～10.0(淡粉色)]和甲基橙[变色范围 3.1(橙色)～4.4(黄色)]。根据指示剂的颜色突变指示,测出每一步滴定所消耗的 HCl 标准溶液体积,再进行含量计算。

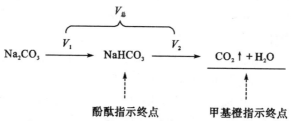

$V_总$是滴定所消耗的 HCl 标准溶液的总体积。显然,若 $V_总=2V_1$,则产品中不含 $NaHCO_3$;反之,$V_总>2V_1$,则产品中含有 $NaHCO_3$。

【试剂与仪器】

电子天平(±0.000 1 g)、酒精灯、坩埚、吸滤瓶、布氏漏斗;滤纸、广泛 pH 试纸、酸式滴定管(50 mL);NH_4HCO_3(固体)、饱和粗食盐水、Na_2CO_3(饱和)、HCl(2 mol·dm^{-3},0.1 mol·dm^{-3}标准溶液)、乙醇(95%)、酚酞、甲基橙。

【实验步骤】

(一)Na_2CO_3 的制备

1. 粗食盐水的精制

量取饱和粗食盐水 15 mL,倒入 100 mL 小烧杯中,加热近沸,在此温度下用滴管逐滴加入饱和 Na_2CO_3 溶液至 pH=10.0 左右,此时溶液中有白色沉淀析出,继续小心加热至沸。2 min 后停止加热,待沉淀沉降后,在上面清液中,滴加饱和 Na_2CO_3 溶液至不再产生沉淀为止。趁热常压过滤,弃去沉淀,将滤液倒入洁净的 150 mL 小烧杯中,用 2 mol·dm^{-3} HCl,调节溶液的 pH=7.0 左右。

2. 复分解反应制备 $NaHCO_3$

将盛有滤液的烧杯放在水浴上加热,控制溶液温度在 30℃～35℃。在不断搅拌的情况下,把 6.3 g 研细的 NH_4HCO_3 分 5～8 次加入滤液中。继续保持此温度连续搅拌 30 min,使反应充分进行。从水浴中取出后静置冷却,抽滤,得到 $NaHCO_3$ 白色晶体。先后用少量饱和 Na_2CO_3 溶液和 3 mL 95%的乙醇洗涤后,抽干。

3. $NaHCO_3$ 热分解制备 Na_2CO_3

将抽干的 $NaHCO_3$ 移入坩埚,放入马弗炉,调节恒定炉温 300℃,加热 1 h,

然后停止加热,冷却后,称量并计算产率。将装着产品的坩埚放入干燥器保存备用。

(二)Na₂CO₃的含量测定

在分析天平(或电子天平)上用差减法准确称取三份自制的 Na_2CO_3 产品(每份质量 m 约 0.12 g),分别置于 3 个 250 mL 锥形瓶中,然后每份进行滴定。

向锥形瓶中加入约 20 mL 蒸馏水,产品溶解后加入酚酞 1~2 滴,用 HCl 标准溶液滴定,溶液由紫红色变为淡粉色,记录所消耗的 HCl 体积 V_1(注意:一定要逐滴滴加 HCl 溶液,并使瓶内溶液不断旋转,以防 HCl 局部过浓而有 CO_2 逸出,造成 $V_总<2V_1$)。再加入 1~2 滴甲基橙指示剂,继续用原滴定管(已读取 V_1)的 HCl 标准溶液滴定,至溶液由黄色变为橙色,将锥形瓶置于石棉网上加热至沸约 2 min,冷却(可用冷水浴快速冷却)后溶液又变为黄色(若不变色仍为橙色,则表明终点已过),再慢慢地滴加 HCl 标准溶液至变为橙色,即达滴定终点,记录所消耗的 HCl 总体积 $V_总$。

$$Na_2CO_3 \text{ 的百分含量} = \frac{c_{HCl} \times V_1 \times M_{Na_2CO_3}}{1\ 000\ m} \times 100\%$$

$$NaHCO_3 \text{ 的百分含量} = \frac{c_{HCl} \times (V_总 - 2V_1) \times M_{NaHCO_3}}{1\ 000\ m} \times 100\%$$

(三)数据的处理

HCl 标准溶液浓度/mol·dm⁻³				
Na₂CO₃ 样品质量/g				
消耗的 HCl 标准溶液体积/mL	V_1			
	$V_总$			
Na₂CO₃ 的百分含量/%				
NaHCO₃ 的百分含量/%				
Na₂CO₃ 的产率/%				

【思考题】

(1)从 NaCl,NH₄HCO₃,NaHCO₃,NH₄Cl 等 4 种盐在不同温度下的溶解度考虑,为什么可用 NaCl 和 NH₄HCO₃ 制取 NaHCO₃?

(2)粗食盐水为何要精制?精制时为何要调节溶液 pH=10.0?

(3)实验中为何要加入 NH₄HCO₃ 固体粉末?而不是加入 NH₄HCO₃ 溶液?

(4)在制取 NaHCO₃ 时,为何温度不能低于 30℃?

(5)粗食盐水精制后为何要加盐酸调节 pH=7.0?

实验二十六　十二钨磷酸的制备

【实验目的】

(1)掌握十二钨杂多酸的制备方法,练习萃取分离操作。

(2)加深对杂多酸的了解。

【实验原理】

杂多酸作为一种新型催化剂,近年来已广泛应用于石油化工、冶金、医药等许多领域。在碱性溶液中 $W(VI)$ 以正钨酸根（WO_4^{2-}）的形式存在,随着溶液 pH 的减小,逐渐聚合为多酸根离子,在聚合过程中,加入一定量的磷酸盐,则可生成有确定组成的钨杂多酸根离子,如 $[PW_{12}O_{40}]^{3-}$。

$$12WO_4^{2-} + HPO_4^{2-} + 23H^+ = [PW_{12}O_{40}]^{3-} + 12H_2O$$

这类钨杂多酸在水溶液中结晶时,得到高水合状态的杂多酸结晶 $H_3[PW_{12}O_{40}] \cdot nH_2O$,易溶于水及有机溶剂(乙醚、丙酮等),遇碱分解,在酸性水溶液中较稳定。本实验利用钨杂多酸在强酸溶液中易溶于乙醚生成加合物而被乙醚萃取的性质来制备十二钨磷酸。

【仪器和试剂】

烧杯,分液漏斗,蒸发皿,水浴锅;钨酸钠,磷酸氢二钠,盐酸（6 mol · dm^{-3}）,乙醚,H_2O_2（10%）。

【实验步骤】

1. 十二钨磷酸钠溶液的制备

称取 12.5 g 钨酸钠和 2 g 磷酸氢二钠溶于 75 mL 热水中,溶液稍混浊。边加热边搅拌下,向溶液中以细流加入 12.5 mL 浓盐酸,溶液澄清,继续加热半分钟。若溶液呈蓝色,是由于钨(VI)还原的结果,需向溶液中滴加 10% 过氧化氢或溴水至蓝色退去。冷至室温。

2. 酸化、乙醚萃取制取十二钨磷酸

将烧杯中的溶液和析出的少量固体一并转移到分液漏斗中。向分液漏斗中加入 18 mL 乙醚(乙醚沸点低,挥发性强,燃点低,易燃,易爆。因此,在使用时一定要加小心。),再加入 5 mL 6 mol · dm^{-3} 盐酸,振荡(注意,防止气流将液体带出)。静止后液体分三层:上层是醚,中间是氯化钠、盐酸和其他物质的水溶液,下层是油状的十二钨磷酸醚合物。分出下层溶液,放入蒸发皿中。在水浴中蒸醚(小心！醚易燃),直至液体表面出现晶膜。若在蒸发过程中,液体变蓝,则需滴加少许10％过氧化氢至蓝色退去。将蒸发皿放在通风处(注意,防止落入灰尘),使醚在空气中渐渐挥发掉,即可得到白色或浅黄色十二钨磷酸固体。称量计算产率。

【思考题】

(1)十二钨磷酸具有较强氧化性,与橡胶、纸张、塑料等有机物质接触,甚至与空气中灰尘接触时,均易被还原为"杂多蓝"。因此,在制备过程中,要注意哪些问题?

(2)通过实验总结"乙醚萃取法"制杂多酸的方法。

(3)使用乙醚时,要注意哪些事项?

实验二十七 高锰酸钾的制备及纯度测定

【实验目的】

(1)了解高锰酸钾制备的原理和方法。

(2)学习碱熔法操作及石棉纤维和玻砂漏斗的使用。

(3)了解锰的各种价态的化合物的性质和他们之间转化的条件。

(4)测定高锰酸钾的纯度并掌握氧化还原滴定操作。

【实验原理】

1. 制备原理

在碱性介质中,氯酸钾可把二氧化锰氧化为锰酸钾:

$$3MnO_2 + KClO_3 + 6KOH \xrightarrow{熔融} 3K_2MnO_4 + 3H_2O + KCl$$

在酸性介质中,锰酸钾发生歧化反应,生成高锰酸钾:

$$3K_2MnO_4 + 2CO_2 = 2KMnO_4 + MnO_2 + 2K_2CO_3$$

所以,把制得的锰酸钾固体溶于水,再通入CO_2气体,即可得到$KMnO_4$溶液和MnO_2。减压过滤除去MnO_2之后,将溶液浓缩,析出$KMnO_4$晶体。用这种方法制取$KMnO_4$,在最理想的情况下,也只能使K_2MnO_4的转化率达66％。

为提高K_2MnO_4的转化率,可以在K_2MnO_4溶液中通入氯气:

$$Cl_2 + 2K_2MnO_4 = 2KMnO_4 + 2KCl$$

或用电解法对K_2MnO_4进行氧化,得到$KMnO_4$。

阳极:$2MnO_4^{2-} - 2e = 2MnO_4^-$ 阴极:$2H_2O + 2e = 2OH^- + H_2\uparrow$

总反应为:$2K_2MnO_4 + 2H_2O = 2KMnO_4 + 2KOH + H_2\uparrow$

本实验采用通 CO_2 的方法使 MnO_4^{2-} 歧化为 MnO_4^-。

2. 纯度测定原理

草酸与高锰酸钾在酸性溶液中发生如下的氧化还原反应：

$$2KMnO_4 + 5H_2C_2O_4 + 3H_2SO_4 = 2MnSO_4 + 10CO_2\uparrow + 8H_2O + K_2SO_4$$

高锰酸钾与草酸在硫酸介质中起反应，生成硫酸锰，使高锰酸钾紫色褪去。反应产物 Mn^{2+} 对反应有催化作用，所以反应开始时较慢，但随着 Mn^{2+} 的生成，反应速度逐渐加快。

【仪器和试剂】

电子天平(电子秤)(±0.01 g)，CO_2 气体钢瓶，铁坩埚，铁棒，泥三角，坩埚钳，烧杯，布氏漏斗，吸滤瓶，3# 玻砂漏斗，表面皿，酸式滴定管(50 mL，棕色)，容量瓶(200 mL)；$KClO_3$(固，CP)，MnO_2(工业)，KOH(固，CP)，H_2SO_4(mol·dm^{-3})，草酸标准溶液(0.05 mol·dm^{-3})，酸洗石棉纤维。

【实验步骤】

1. 高锰酸钾的制备

(1)锰酸钾的制备。把 2 g 氯酸钾固体和 4 g 氢氧化钾固体混合均匀，放在铁坩埚内，用自由夹把铁坩埚夹紧，然后用小火加热，尽量不使熔融体飞溅。待混合物熔化后，将 2.5 g MnO_2 分三次加入，每次加入均需搅拌均匀，加完 MnO_2，仍不断搅拌，熔体黏度逐渐增大。这时应大力搅拌，以防结块，等反应物干涸后，停止加热。

产物冷却后，将其转移到 200 mL 烧杯中，留在坩埚中的残余部分，以约 10 mL 蒸馏水加热浸洗，溶液倾入盛产物的烧杯中，如浸洗一次未浸完可反复用水浸数次，直至完全浸出残余物，浸出液合并，最后总体积约为 90 mL(不要超过 100 mL!)，加热烧杯并搅拌，使熔体全部溶解。

(2)高锰酸钾的制备。产物溶解后，通入二氧化碳气体(约 5 min)，直到锰酸钾全部歧化为高锰酸钾和二氧化锰为止(可用玻棒蘸一些溶液滴在滤纸上，如果滤纸上显紫红色而无绿色痕迹，即可认为锰酸钾全部歧化)，然后用铺有石棉纤维的布氏漏斗滤去二氧化锰残渣，滤液倒入蒸发皿中，在水浴上加热浓缩至表面析出高锰酸钾晶膜为止。溶液放置片刻，令其结晶，用玻砂漏斗把高锰酸钾晶体抽干。母液回收。产品放在表面皿上保存备用，晾干后称重，计算产率。

2. 高锰酸钾含量的测定

用差减法称取 $0.65\sim0.70$ g 所得的高锰酸钾固体置小烧杯内，用少量蒸馏水溶解后，全部转移到 200 mL 容量瓶内，然后稀释至刻度。

移取草酸标准溶液 25 mL,注入 250 mL 锥形瓶内,再加入 25 mL 1 mol·dm^{-3} H_2SO_4,混合均匀后用高锰酸钾溶液滴定。滴定开始时,高锰酸钾溶液紫色褪去得很慢,这时要慢慢滴入,等加入的第 1 滴高锰酸钾褪色后,再加第 2 滴。待产生了二价锰离子,反应速度加快,可以滴得快一些。最后加入 1 滴高锰酸钾溶液,摇匀后,在 30 s 以内溶液的紫色不褪,即表示达到滴定终点。

重复以上操作,直至得到平行数据为止(至少平行滴定 3 份)。计算高锰酸钾的含量。

【思考题】

(1)为什么由二氧化锰制备高锰酸钾时要用铁坩埚,而不用瓷坩埚?用铁坩埚有什么优点?

(2)能不能用盐酸酸化锰酸钾溶液?为什么?

(3)过滤 $KMnO_4$ 晶体为什么要用玻砂漏斗?是否可用滤纸或是棉纤维来代替?

实验二十八　二草酸根合铜(Ⅱ) 酸钾的制备及组成测定

【实验目的】

(1)熟练掌握无机制备的一些基本操作。

(2)了解配位滴定的原理和方法。

(3)熟练容量分析的基本操作。

【实验原理】

草酸钾和硫酸铜反应生成二草酸根合铜(Ⅱ)酸钾。产物是一种蓝色晶体,在 150℃失去结晶水,在 260℃分解。虽可溶于温水,但会缓慢分解。

确定产物组成时,用重量分析法测定结晶水,用 EDTA 配位滴定法测铜含量,用高锰酸钾法氧化还原滴定测草酸根含量。

【仪器和试剂】

布氏漏斗,抽滤瓶,瓷坩埚,酸式滴定管,干燥器;$CuSO_4 \cdot 5H_2O$(固),$K_2C_2O_4$(固),冰,$NH_3 \cdot H_2O$-NH_4Cl 缓冲液(pH＝10),紫脲酸铵,二甲酚橙(0.2%),H_2SO_4(2 mol·dm^{-3}),$KMnO_4$ 标准溶液(0.02 mol·dm^{-3}),NH_4Cl(2 mol·dm^{-3}),EDTA 标准溶液(0.02 mol·dm^{-3}),$NH_3 \cdot H_2O$(1 mol·dm^{-3}),$NH_3 \cdot H_2O$(浓)。

【实验步骤】

1. 二草酸根合铜（Ⅱ）酸钾的制备

称取 3 g $CuSO_4 \cdot 5H_2O$ 溶于 6 mL 90℃的水中，取 9 g $K_2C_2O_4 \cdot H_2O$ 溶于 25 mL 90℃的水中。在剧烈搅拌下，将 $K_2C_2O_4 \cdot H_2O$ 溶液迅速加入到 $CuSO_4$ 溶液中，冷至 10℃，有沉淀析出。减压过滤，用 6～8 mL 冷水洗涤沉淀，抽干，晾干产物，称重。

2. 二草酸根合铜（Ⅱ）酸钾的组成分析

（1）结晶水的测定：将两个坩埚放入烘箱，在 150℃干燥 1 h，然后放入干燥器中冷却 30 min 后称量。同法再干燥 30 min，冷却，称量至恒重。

准确称取 0.5～0.6 g 产物，分别放入两个已恒重的坩埚中，放入烘箱，在 150℃干燥 1 h，然后放入干燥器中冷却 30 min 后称量。同法再干燥 30 min，冷却，称量至恒重。根据称量结果，计算结晶水含量。

（2）Cu（Ⅱ）的含量测定：准确称取 0.17～0.19 g 产物，用 15 mL $NH_3 \cdot H_2O$-NH_4Cl 缓冲液（pH＝10）溶解，再稀释至 100 mL。紫脲酸铵做指示剂，用 0.02 mol $\cdot$ dm^{-3} 标准 EDTA 溶液滴定，当溶液由黄色变至紫色时即到终点。根据滴定结果，计算 Cu^{2+} 含量。

（3）草酸根的含量测定：准确称取 0.21～0.23 g 产物，用 2 mL 浓 $NH_3 \cdot H_2O$ 溶解后，再加入 22 mL 2 mol $\cdot$ dm^{-3} H_2SO_4 溶液，此时会有淡蓝色沉淀出现，稀释至 100 mL。水浴加热至 75℃～85℃，趁热用 0.02 mol $\cdot$ dm^{-3} 标准 $KMnO_4$ 溶液滴定，直至溶液出现微红色（在 1 min 内不褪色）即为终点。沉淀在滴定过程中逐渐消失。根据滴定结果，计算 $C_2O_4^{2-}$ 含量。

根据以上计算结果，求出产物的化学式。

【思考题】

（1）在测定 Cu^{2+} 含量时，加入 $NH_3 \cdot H_2O$-NH_4Cl 缓冲液的 pH 不等于 10，对滴定有何影响？为什么？

（2）除用 EDTA 测定 Cu^{2+} 含量外，还有哪些方法能测 Cu^{2+} 含量？

（3）在测定 $C_2O_4^{2-}$ 含量时，对溶液的酸度、温度有何要求？为什么？

实验二十九　硫酸铝钾的制备

【实验目的】

（1）了解从 Al 制备硫酸铝钾的原理及过程。

（2）进一步认识 Al 及 $Al(OH)_3$ 的两性。

(3)复习掌握称量,抽滤等基本操作。

【实验原理】

硫酸铝同碱金属的硫酸盐(K_2SO_4)生成硫酸铝钾复盐 $KAl(SO_4)_2 \cdot 12H_2O$(俗称明矾)。它是一种无色晶体。易溶于水,并可水解生成 $Al(OH)_3$ 胶状沉淀,具有强的吸附性能。它是工业上重要的铝盐,可作为净水剂、造纸填充剂等。

本实验利用金属铝溶于氢氧化钠溶液,生成可溶性的四羟基合铝酸钠:

$$2Al+2NaOH+6H_2O = 2NaAl(OH)_4+3H_2 \uparrow$$

随后用 H_2SO_4 调节此溶液的 pH 值为 8~9,即有 $Al(OH)_3$ 沉淀产生,分离后在沉淀中加入 H_2SO_4 至使 $Al(OH)_3$ 转化为 $Al_2(SO_4)_3$:

$$2Al(OH)_3+3H_2SO_4 = Al_2(SO_4)_3+6H_2O$$

在 $Al_2(SO_4)_3$ 溶液中加入等量的 K_2SO_4,即可制得硫酸铝钾。

$$Al_2(SO_4)_3+K_2SO_4+24H_2O = 2KAl(SO_4)_2 \cdot 12H_2O$$

【仪器和试剂】

烧杯,托盘天平,抽滤瓶,布氏漏斗;Al 屑,K_2SO_4(s),NaOH(s),H_2SO_4 (3 mol $\cdot$ dm^{-3},1:1)。

【实验步骤】

1. $Al(OH)_3$ 的生成

称取 4.5 g NaOH 固体,置于 250 mL 烧杯中,加入 60 mL 去离子水溶解。称 2 g 铝屑,分批放入溶液中(反应激烈,防止溅出,在通风橱内进行)。至不再有气泡产生,说明反应完毕,然后再加入去离子水,使体积约为 80 mL,趁热抽滤。将滤液转入 250 mL 烧杯中,加热至沸,在不断搅拌下,滴加 3 mol $\cdot$ dm^{-3} H_2SO_4,使溶液的 pH 值为 8~9,继续搅拌煮沸数分钟,然后抽滤,并用沸水洗涤沉淀,直至洗涤液 pH 值降至 7 左右,抽滤。

2. $Al_2(SO_4)_3$ 的制备

将制得的 $Al(OH)_3$ 沉淀转入烧杯中,加入约 16 mL 1:1 H_2SO_4,并不断搅拌,小火加热使沉淀溶解,得 $Al_2(SO_4)_3$ 溶液。

3. 明矾的制备

将 $Al_2(SO_4)_3$ 溶液与 6.5 g K_2SO_4 配成的饱和溶液相混合。搅拌均匀,充分冷却后,减压过滤,尽量抽干,产品称重,计算产率。

4. 性质实验

用实验证实硫酸铝钾溶液中存在 Al^{3+}、K^+ 和 SO_4^{2-} 离子,并写出有关反应方程式。

【思考题】

　　(1)为什么用碱溶解 Al?

　　(2)Al 屑中的杂质是如何除去的?

　　(3)思考如何制得 $KAl(SO_4)_2 \cdot 12H_2O$ 大晶体?

实验三十　过氧化钙的合成

【实验目的】

　　(1)掌握制备过氧化钙的原理和方法。

　　(2)掌握过氧化钙含量的分析方法。

　　(3)巩固无机制备及化学分析的基本操作。

【实验原理】

　　纯净的 CaO_2 是白色的结晶粉末,工业品因含有超氧化物而呈淡黄色;难溶于水,不溶于乙醇、乙醚;其活性氧含量为 22.2%;在室温下是稳定的,加热至 300℃时则分解为 CaO 和 O_2:

$$2CaO_2 \xrightarrow{300℃} 2CaO + O_2 \uparrow$$

在潮湿的空气中也能够分解:

$$CaO_2 + 2H_2O = Ca(OH)_2 + H_2O_2$$

与稀酸反应生成盐和 H_2O_2:

$$CaO_2 + 2H^+ = Ca^{2+} + H_2O_2$$

在 CO_2 的作用下,会逐渐变成碳酸盐,并放出氧气:

$$2CaO_2 + 2CO_2 = 2CaCO_3 + O_2 \uparrow$$

　　过氧化钙水合物——$CaO_2 \cdot 8H_2O$ 在 0℃时是稳定的,但是室温时经过几天就分解了,加热至 130℃,就逐渐变为无水过氧化物——CaO_2。

　　本实验先用可溶性钙盐(如氯化钙、硝酸钙等)与 H_2O_2、$NH_3 \cdot H_2O$ 反应制取 $CaO_2 \cdot 8H_2O$,该反应通常在 $-3℃ \sim 2℃$ 下进行,$CaO_2 \cdot 8H_2O$ 再经脱水制得 CaO_2。

$$Ca^{2+} + H_2O_2 + 2NH_3 \cdot H_2O + 6H_2O = CaO_2 \cdot 8H_2O(s) + 2NH_4^+$$

【试剂与仪器】

　　电子天平(电子秤)(± 0.01 g)、电子天平($\pm 0.000\ 1$ g)、烧杯、微型吸滤装置、点滴板、P_2O_5 干燥器、25 mL 碘量瓶、微量滴定管、表面皿;$CaCl_2$(或 $CaCl_2 \cdot 6H_2O$)、30% H_2O_2、2 mol $\cdot$ dm^{-3} $NH_3 \cdot H_2O$、无水乙醇、0.010 0 mol $\cdot$ dm^{-3}

$KMnO_4$、$2\ mol \cdot dm^{-3}\ H_2SO_4$、$KI(s)$、$36\%\ HAc$、$Na_2S_2O_3$ 标准溶液($0.01\ mol \cdot dm^{-3}$)、1% 淀粉溶液、$2\ mol \cdot dm^{-3}\ HCl$。

【实验步骤】

1. 过氧化钙的制备

在小烧杯中加入 1.5 mL 去离子水,边搅拌边加入 $CaCl_2$ 1.11 g(或 $CaCl_2 \cdot 6H_2O$ 2.22 g),使其溶解;用冰水将 $CaCl_2$ 溶液和 5 mL 30% H_2O_2 溶液冷却至 0℃左右,然后混合,在边冷却边搅拌下逐渐滴加 $6\ mol \cdot dm^{-3}\ NH_3 \cdot H_2O$ 4 mL,静置冷却结晶;在微型抽滤瓶上过滤,用冷却至 0℃的去离子水洗涤沉淀 2~3 次,再用无水乙醇洗涤 2 次,然后将晶体置于表面皿上移至烘箱中,在 130℃下烘烤 20 min,再放在装有 P_2O_5 干燥剂的干燥器中干燥至恒重,称重,计算产率。

将滤液用 $2\ mol \cdot dm^{-3}\ HCl$ 调至 pH 为 3~4,然后放在小烧杯(或蒸发皿)中,于石棉网(或泥三角)上小火加热浓缩,可得到副产品 NH_4Cl 晶体。

2. 产品的检验

(1)CaO_2 的定性鉴定:在白色点滴板上滴一滴 $0.001\ 0\ mol \cdot dm^{-3}\ KMnO_4$ 溶液,加一滴 $2\ mol \cdot dm^{-3}\ H_2SO_4$ 酸化,然后加入少量的 CaO_2 粉末搅匀,若有气泡逸出,且 MnO_4^- 褪色,证明有 CaO_2 的存在。

(2)CaO_2 的含量测定:于干燥的 25 mL 碘量瓶中准确称取 0.030 0 g CaO_2 晶体,加 3 mL 去离子水和 0.400 0 g $KI(s)$,摇匀。在暗处放置 30 min,加 4 滴 36%HAc,用 $0.010\ 00\ mol \cdot dm^{-3}\ Na_2S_2O_3$ 标准溶液滴定至近终点时,加 3 滴 1%淀粉溶液,然后继续滴定至蓝色恰好消失。同时作空白试验。

CaO_2 含量的计算如下:

$$\omega_{CaO_2} = \frac{c(V_1 - V_2) \times 0.721\ g/mmol}{2m} \times 100\%$$

式中,V_1——滴定样品时所消耗的 $Na_2S_2O_3$ 溶液的体积,mL;

V_2——空白实验时所消耗的 $Na_2S_2O_3$ 溶液的体积,mL;

c——$Na_2S_2O_3$ 标准溶液的浓度,$mol \cdot dm^{-3}$;

m——样品的质量,g;

0.072 1——每毫摩尔 CaO_2 的质量,g。

【注意事项】

(1)称量 $CaCl_2$ 时速度要快,以免潮解。

(2)在烧杯中先加入水,然后再加入 $CaCl_2$,以防结块。

(3)CaO_2 含量的测定要及时进行,以免吸收 CO_2,转变为 $CaCO_3$。

【思考题】

(1)CaO₂如何储存？为什么？

(2)计算本实验理论上可得的 NH₄Cl 的质量。

(3)写出在酸性条件下用 KMnO₄ 定性鉴定 CaO₂ 的反应方程式。

(4)测定产品中 CaO₂ 含量时,为什么要做空白实验? 如何做空白实验?

实验三十一　微波加热合成磷酸锌

【实验目的】

(1)了解磷酸锌的微波合成原理和方法。

(2)掌握无机物制备与分离技术中浸取、洗涤、分离等基本操作。

【实验原理】

微波是一种不会导致电离的高频电磁波,可被封闭在炉箱的金属壁内,形成一个类似小型电台的电磁波发射系统。由磁控管发出的微波能量场不断转换方向,像磁铁一样在食物分子的周围形成交替的正、负电场,使其正、负极以及食物内所含的正、负离子随之换向,即引起剧烈快速的振动或振荡。当微波作用时,这种振荡可达每秒 25 亿次,从而使食物内部产生大量的摩擦热。最高可达 200℃,4～5 min 内可使水沸腾。特点是微波从各表面、顶端及四周同时作用,所以均匀性好。

磷酸锌[Zn₃(PO₄)₂·2H₂O]是一种新型防锈材料,利用它可配制各种防锈涂料,后者可代替氧化铅作为底漆。它的合成通常是用硫酸锌、磷酸和尿素在水浴加热下反应,反应过程中尿素分解放出氨气并生成铵盐,过去反应需要 4 h 才完成。本实验采用微波加热条件下进行反应,反应时间缩短为 19 min。反应式为:

$$3ZnSO_4+2H_3PO_4+3(NH_2)_2CO+7H_2O = Zn_3(PO_4)_2 \cdot 4H_2O+3(NH_4)_2SO_4+3CO_2 \uparrow$$

所得的四水合晶体在 110℃烘箱中脱水即得二水合晶体。

【试剂与仪器】

微波炉、电子天平(电子秤)(±0.01 g)、微型吸滤装置、烧杯、表面皿;ZnSO₄·7H₂O、尿素、磷酸、无水乙醇。

【实验内容】

称取 2.00 g 硫酸锌于 100 mL 烧杯中,加 1.00 g 尿素和 1.0 mL H₃PO₄,再加 20 mL 水搅拌溶解,把烧杯置于盛有 150 mL 水的 250 mL 烧杯中,盖上表面皿,放进微波炉里,以大火挡(约 700 W)加热 19 min,烧杯内隆起白色沫状物,停止加热后,取出烧杯,用蒸馏水浸取、洗涤数次,抽滤。晶体用水洗涤至滤液无 SO_4^{2-}。产品在 110℃ 烘箱中脱水得 $Zn_3(PO_4)_2 \cdot 2H_2O$,称量计算产率。

【注意事项】

(1)合成反应完成时,溶液的 pH=5~6;加尿素的目的是调节反应体系的酸碱性。

(2)晶体要洗涤至近中性再抽滤。

(3)微波辐射对人体会造成损害。市售微波炉在防止微波泄漏上有严格的措施,使用时要遵照有关操作程序与要求进行,以免造成损害。

【思考题】

(1)查阅文献资料,还有哪些制备磷酸锌的方法?

(2)为什么微波辐射加热能显著缩短反应时间,使用微波炉要注意哪些事项?

实验三十二　常见金属阳离子与阴离子的分离鉴定

【实验目的】

(1)巩固元素化学中常见离子的基本知识。

(2)学习和掌握常见阳离子的分离与鉴定方法。

(3)学习和掌握常见阴离子的分离与鉴定方法。

【实验原理】

为了获得准确的分析结果,需要在熟悉常见离子的基本化学性质的基础上,结合相关特定要求来筛选某离子的鉴定反应。要求反应速率要快,而且外观现象比较明显,如溶液颜色的改变、沉淀的生成和溶解、生成气体的颜色、臭味或与某些试剂的反应等。需要指出的是,鉴定反应必须要严格控制反应条件下进行才能得到可靠结论,如溶液的酸碱性、离子的浓度、反应温度和催化剂、溶剂等等。另外,由于去离子水或试剂中含有被检离子或由于试剂失效、反应条件控制不好等还可能出现过度检出或离子的失落。所以,一般还要使用去离子水代替试液或用含有某种离子的纯盐溶液代替试液来做空白试验和对照试验。

待分析的体系多是由多种离子构成的混合溶液,所以,实现混合离子间的分离是获得正确鉴定结论的前提条件。目前,多采用分别分析法和系统分析法。

前者是分别取出定量的试液,设法排除鉴定方法的干扰离子(例如加入掩蔽剂等)后,直接进行目标鉴定。后者是通过加入组试剂方法依次将待测液中性质相似的离子分成若干组,然后再将各组内离子进行分离和鉴定。

常见的阳离子有 20 余种,如 Na^+,NH_4^+,Mg^{2+},K^+,Ag^+,Hg_2^{2+},Pb^{2+},Ca^{2+},Ba^{2+},Cu^{2+},Zn^{2+},Cd^{2+},Co^{2+},Ni^{2+},Al^{3+},Cr^{3+},$Sb(III,V)$,$Sn(II,IV)$,Fe^{2+},Fe^{3+},Bi^{3+},Mn^{2+},Hg^{2+} 等。当前,根据所采用的组试剂不同,常用的有如下两种分组方案:即硫化氢系统分析法(如表 5-4)和两酸两碱系统分析法(如表 5-5)。

常见阴离子有 10 余种,如 F^-,Cl^-,Br^-,I^-,S^{2-},SO_3^{2-},SO_4^{2-},$S_2O_3^{2-}$,NO_2^-,NO_3^-,PO_4^{3-},CO_3^{2-},SiO_3^{2-},Ac^- 等。有的阴离子具有氧化性,有的具有还原性,所以实际工作中很少有多种阴离子共存,即通常采用分别分析的方法。与前述常见阳离子的分离与鉴定类似,也可以根据阴离子某些共性选择某种试剂将共存阴离子分组。目前,一般多利用钡盐和银盐的溶解度不同将阴离子分为三组,如表 5-6。

表 5-4 硫化氢系统分组简表

分离依据	硫化物不溶于水			硫化物溶于水	
	在稀酸中形成硫化物沉淀		在稀酸中不形成硫化物沉淀	碳酸盐不溶于水	碳酸盐溶于水
	氯化物不溶于热水	氯化物溶于热水			
包含的离子	Ag^+,Pb^{2+},Hg_2^{2+}(Pb^{2+}浓度大时部分沉淀)	Pb^{2+},Hg^{2+},Bi^{3+},Cu^{2+},Cd^{2+},Sb(III,V),Sn(II,IV),As(III,V)	Fe^{2+},Fe^{3+},Al^{3+},Co^{2+},Mn^{2+},Cr^{3+},Ni^{2+},Zn^{2+}	Ca^{2+},Sr^{2+},Ba^{2+}	Na^+,NH_4^+,Mg^{2+},K^+
组名称	盐酸组	硫化氢组	硫化铵组	碳酸铵组	易溶组
组试剂	HCl	(0.3 mol·dm^{-3} HCl) H_2S	($NH_3 \cdot H_2O +$ NH_4Cl),$(NH_4)_2S$	($NH_3 \cdot H_2O +$ NH_4Cl),$(NH_4)_2CO_3$	—

表 5-5　两酸两碱系统分组简表

分别检出 Na^+，NH_4^+，Fe^{2+}，Fe^{3+}

分离依据	氯化物难溶于水	氯化物易溶于水			
		硫酸盐难溶于水	硫酸盐易溶于水		
			氢氧化物难溶于水及氨水	在氨性条件下不产生沉淀	
				氢氧化物难溶于过量氢氧化钠溶液	在强碱条件下不产生沉淀
分离后的形态	$AgCl$，Hg_2Cl_2，$PbCl_2$	$PbSO_4$，$BaSO_4$，$SrSO_4$，$CaSO_4$	$Fe(OH)_3$，$Al(OH)_3$，$MnO(OH)_2$，$Cr(OH)_3$，$Bi(OH)_3$，$Sb(OH)_5$，$HgNH_2Cl$，$Sb(OH)_4$	$Cu(OH)_2$，$Co(OH)_2$，$Ni(OH)_2$，$Mg(OH)_2$，$Cd(OH)_2$	$Zn(OH)_4^{2-}$，Na^+，NH_4^+，K^+
组名称	盐酸组	硫酸组	氨组	碱组	可溶组
组试剂	HCl	（乙醇）H_2SO_4	（H_2O_2）NH_3 NH_4Cl	NaOH	—

表 5-6　阴离子分组表

组别	组试剂	组内离子	特性
钡盐组	$BaCl_2$（中性或弱碱性溶液）	SO_4^{2-}，SO_3^{2-}，$S_2O_3^{2-}$，CO_3^{2-}，SiO_3^{2-}，PO_4^{3-}，F^-	钡盐难溶于水，除 $BaSO_4$ 外，其他钡盐溶于酸
银盐组	$AgNO_3$（稀、冷硝酸溶液）	Cl^-，Br^-，I^-，S^{2-}	银盐难溶于水和稀硝酸，Ag_2S 溶于热硝酸
易溶组		NO_2^-，NO_3^-，Ac^-	钡盐、银盐都易溶于水

【仪器和试剂】

离心机；H_2SO_4（2 mol·dm^{-3}），HNO_3（2 mol·dm^{-3}，浓），HAc（2 mol·dm^{-3}，6 mol·dm^{-3}），NaOH（6 mol·dm^{-3}），$NH_3 \cdot H_2O$（2 mol·dm^{-3}），$FeCl_3$（0.1 mol·dm^{-3}），$CoCl_2$（0.1 mol·dm^{-3}），$NiCl_2$（0.1 mol·dm^{-3}），$MnCl_2$（0.1 mol·dm^{-3}），$Al_2(SO_4)_3$（0.1 mol·dm^{-3}），$CrCl_3$（0.1 mol·dm^{-3}），$ZnCl_2$（0.1 mol·dm^{-3}），$K_4[Fe(CN)_6]$（0.1 mol·dm^{-3}），KSCN

$(1\ mol \cdot dm^{-3})$，$NH_4Ac(3\ mol \cdot dm^{-3})$，$NH_4SCN$(饱和溶液)，$Pb(Ac)_2(0.5\ mol \cdot dm^{-3})$，$Na_2S(0.1\ mol \cdot dm^{-3}$，$2\ mol \cdot dm^{-3})$，$NaBiO_3$，$NH_4F$，$NH_4Cl$，$H_2O_2(3\%)$，丙酮，丁二酮肟，铝试剂，$Na_2S_2O_3(0.1\ mol \cdot dm^{-3})$，$Na_2SO_3(0.1\ mol \cdot dm^{-3})$，$Na_2[Fe(CN)_5(NO)]$，$PbCO_3(s)$，$ZnSO_4(0.1\ mol \cdot dm^{-3})$，$AgNO_3(0.1\ mol \cdot dm^{-3})$。

【实验步骤】

1. Fe^{3+}，Co^{2+}，Ni^{2+}，Mn^{2+}，Al^{3+}，Cr^{3+}，Zn^{2+}混合离子的分离与鉴定

取 Fe^{3+}，Co^{2+}，Ni^{2+}，Mn^{2+}，Al^{3+} 和 Cr^{3+} 和 Zn^{2+} 试液各5滴，混合均匀。对本组离子的分离鉴定方案进行分析，再按方案进行实验，并写出各步的实验现象和反应方程式。

(1)Fe^{3+}，Co^{2+}，Ni^{2+}，Mn^{2+} 与 Al^{3+}，Cr^{3+}，Zn^{2+} 的分离：往试液中加入 $6\ mol \cdot dm^{-3}$ NaOH 至溶液呈强碱性后，再多加5滴 NaOH。然后逐滴加入 3% H_2O_2，同时搅拌，并加热使过量的 H_2O_2 分解。离心分离，把清液移到另一离心试管中，按步骤(7)处理。沉淀用热水洗一次，离心分离，弃去洗涤液。

(2)沉淀的溶解：向上述沉淀中加10滴 $2\ mol \cdot dm^{-3}$ H_2SO_4 和2滴 3% H_2O_2，搅拌，水浴加热至沉淀全部溶解，H_2O_2 完全分解，并冷却至室温。

(3)Fe^{3+} 的检出：取一滴步骤(2)试液加到点滴板中，加一滴 $K_4[Fe(CN)_6]$，产生蓝色沉淀，表示有 Fe^{3+}。取一滴步骤(2)试液加到点滴板中，加一滴 KSCN，溶液变成血红色，表示有 Fe^{3+}。

(4)Mn^{2+} 的检出：取一滴步骤(2)试液，加三滴蒸馏水和一滴 $2\ mol \cdot dm^{-3}$ HNO_3 及一小勺 $NaBiO_3$ 固体，搅拌，溶液变成紫红色，表示有 Mn^{2+}。

(5)Co^{2+} 的检出：取两滴步骤(2)试液和少量 NH_4F 固体，加入等体积的丙酮，再加入饱和 NH_4SCN 溶液。溶液呈宝石蓝色，表示有 Co^{2+}。

(6)Ni^{2+} 的检出：在离心管中滴加几滴步骤(2)试液，并加 $2\ mol \cdot dm^{-3}$ $NH_3 \cdot H_2O$ 至呈碱性。若有沉淀生成，还需离心分离，向上层清液中加两滴丁二酮肟，产生红色沉淀，表示有 Ni^{2+}。

(7)Al^{3+}，Cr^{3+}，Zn^{2+} 的分离：往步骤(1)所得清液内加 NH_4Cl 固体，加热，产生白色絮状沉淀，即是 $Al(OH)_3$。离心分离，把清液移到另一试管中，按步骤(8)和(9)处理。沉淀用 $2\ mol \cdot dm^{-3}$ $NH_3 \cdot H_2O$ 洗一次，离心分离，洗涤液并入清液，加4滴 $6\ mol \cdot dm^{-3}$ HAc，加热使沉淀溶解，再加两滴蒸馏水，两滴 $3\ mol \cdot dm^{-3}$ NH_4Ac 和两滴 0.1% 茜素 S，搅拌后微热，产生红色沉淀，表示有 Al^{3+}。

(8)Cr^{3+} 的检出：若步骤(7)所得清液呈淡黄色，则有 CrO_4^{2-}，用 $6\ mol \cdot$

dm^{-3} HAc 酸化后,加两滴 0.1 $mol \cdot dm^{-3}$ $Pb(NO_3)_2$ 溶液,产生黄色沉淀,表示有 Cr^{3+}。

(9) Zn^{2+} 的检出:取几滴步骤(7)所得清液,滴加 2 $mol \cdot dm^{-3}$ Na_2S 溶液,产生白色沉淀,表示有 Zn^{2+}。

2. $S_2O_3^{2-}$,S^{2-},SO_3^{2-} 混合离子的分离与鉴定

取 0.1 $mol \cdot dm^{-3}$ $Na_2S_2O_3$,0.1 $mol \cdot dm^{-3}$ Na_2S,0.1 $mol \cdot dm^{-3}$ Na_2SO_3 试液各 5 滴,混合均匀。对本组离子的分离鉴定方案进行分析,再按方案进行实验,并写出各步的实验现象和反应方程式。

(1)取 1 滴混合液,在碱性体系中滴加 $Na_2[Fe(CN)_5(NO)]$,若溶液呈紫红色,表示有 S^{2-}。

(2)取混合液 0.5 mL 于离心管中,加固体 $PbCO_3$(过量)沉淀完全,离心分离,取上清液完成下述实验。

(3)在试管中依次加入 $ZnSO_4$、$K_4[Fe(CN)_6]$ 和 $Na_2[Fe(CN)_5(NO)]$,然后加适量步骤(2)上清液,若有红色沉淀产生,示有 SO_3^{2-}。

(4)取适量步骤(2)试液,加入 $AgNO_3$(过量),若产生白色沉淀,而且该沉淀又迅速依次由白变黄、变棕色,最后变黑的过程,表示有 $S_2O_3^{2-}$。

第六章 综合、设计研究实验

实验三十三 三草酸根合铁(Ⅲ)酸钾的制备、性质和组成测定

【实验目的】

(1)了解三草酸根合铁(Ⅲ)酸钾的制备方法。

(2)掌握确定化合物化学式的基本原理和方法。

(3)巩固无机合成、滴定分析和重量分析的基本操作。

【实验原理】

三草酸根合铁(Ⅲ)酸钾 $K_3[Fe(C_2O_4)_3]\cdot 3H_2O$ 为亮绿色单斜晶体,易溶于水而难溶于乙醇、丙酮等有机溶剂。受热时,在110℃失去结晶水,到230℃即分解。该配合物为光敏物质,光照下易分解。

本实验首先利用 $(NH_4)_2Fe(SO_4)_2$ 与 $H_2C_2O_4$ 反应制取 FeC_2O_4:

$$(NH_4)_2Fe(SO_4)_2 + H_2C_2O_4 = FeC_2O_4(s) + (NH_4)_2SO_4 + H_2SO_4$$

在过量 $K_2C_2O_4$ 的存在下,用 H_2O_2 氧化 FeC_2O_4 即制得产物:

$$6K_2C_2O_4 + 3H_2O_2 + 6FeC_2O_4 = 4K_3[Fe(C_2O_4)_3] + 2Fe(OH)_3(s)$$

反应中同时产生的 $Fe(OH)_3$ 可加入适量的 $H_2C_2O_4$ 也可将其转化为产物:

$$2Fe(OH)_3 + 3H_2C_2O_4 + 3K_2C_2O_4 = 2K_3[Fe(C_2O_4)_3] + 6H_2O$$

利用如下的分析方法可测定该配合物各组分的含量,通过计算便可确定其化学式。

1. 利用重量分析法测定该配合物中结晶水含量

将一定量产物在110℃下干燥,根据失重的情况即可计算出结晶水的含量。

2. 利用高锰酸钾法测定草酸根的含量

$C_2O_4^{2-}$ 在酸性条件下可被 MnO_4^- 定量氧化:

$$5C_2O_4^{2-} + 2MnO_4^- + 16H^+ = 2Mn^{2+} + 10CO_2 + 8H_2O$$

用已知浓度的 $KMnO_4$ 标准溶液滴定 $C_2O_4^{2-}$,由消耗的 $KMnO_4$ 量,便可计算出

$C_2O_4^{2-}$ 的含量。

3. 用高锰酸钾法测定铁含量

先用 Zn 粉将 Fe^{3+} 还原为 Fe^{2+}，然后用 $KMnO_4$ 标准溶液滴定：

$$5Fe^{2+} + MnO_4^- + 8H^+ = 5Fe^{3+} + Mn^{2+} + 4H_2O$$

由消耗 $KMnO_4$ 的量，便可计算出 Fe^{3+} 的含量。

4. 确定钾含量

配合物减去结晶水、$C_2O_4^{2-}$、Fe^{3+} 的含量后即为 K^+ 的含量。

【仪器和试剂】

烧杯，电子天平($\pm 0.000\ 1$ g)，烘箱；H_2SO_4(6 mol·dm^{-3})，$H_2C_2O_4$(s)，$K_2C_2O_4$(s)，H_2O_2(w 为 0.05)，C_2H_5OH(w 为 0.95 和 0.5)，$KMnO_4$标准溶液(0.02 mol·dm^{-3})，$(NH_4)_2Fe(SO_4)_2 \cdot 6H_2O$(s)，Zn 粉，丙酮。

【实验步骤】

1. 三草酸根合铁(Ⅲ)酸钾的合成

将 5 g $(NH_4)_2Fe(SO_4)_2 \cdot 6H_2O$ 溶于 20 mL 水中，加入 5 滴 6 mol·dm^{-3} H_2SO_4 酸化，加热使其溶解。另称取 $H_2C_2O_4$ 1.7 g 溶于 20 mL 水中，在不断搅拌下把 $H_2C_2O_4$ 溶液加入到 $(NH_4)_2Fe(SO_4)_2$ 溶液中，然后将其加热至沸，静置。待黄色的 FeC_2O_4 沉淀完全沉降后，倾去上层清液，再用倾析法洗涤沉淀 2～3 次，每次用水约 15 mL，直到无 SO_4^{2-} 离子。

再称取 3.5 g $K_2C_2O_4$ 溶于 10 mL 蒸馏水中，加入到上述沉淀中，在水浴上加热至40℃，用滴管缓慢滴加 12 mL 质量分数为 0.05 的 H_2O_2 溶液，边加边搅拌并维持温度在 40℃ 左右，此时溶液中有棕色的 $Fe(OH)_3$ 沉淀产生，加完 H_2O_2 后，检验 Fe^{2+} 是否氧化完全，如无 Fe^{2+}，将溶液加热至沸。分两批共加入 8 mL 饱和 $H_2C_2O_4$ 溶液(先加 5 mL，然后再慢慢滴加 3 mL)，这时体系应该变为亮绿色透明溶液体积控制在 30 mL 左右。如果体系浑浊可趁热过滤。在滤液中加入 10 mL 质量分数为 0.95 的乙醇，这时溶液如果浑浊，微热使其变清。放置暗处，使其冷却结晶。抽滤，用质量分数为 0.5 的乙醇溶液洗涤晶体，再用少量的丙酮淋洗晶体两次，抽干，在空气中干燥。称量，计算产率，产物避光保存。

2. 三草酸根合铁(Ⅲ)酸钾的性质实验

(1)将少许产品放在表面皿上，在日光下观察晶体颜色变化。与放在暗处的晶体比较。

(2)制感光纸：按照三草酸根合铁(Ⅲ)酸钾 0.3 g、六氰合铁(Ⅲ)酸钾 0.4 g 加水 5 mL 的比例配成溶液，涂在纸上制成黄色感光纸。在避光处将描有图线的半透明纸覆盖在图纸上，在日光或强光下照射。然后避光取下图纸，立即用清水冲洗,晾干,即可见到蓝底白线的图案。

(3)配感光液:取 0.3～0.5 g 三草酸根合铁(Ⅲ)酸钾加水 5 mL 配成溶液,用滤纸条做感光纸。同上操作,曝光后去掉图纸,用 3.5％六氰合铁(Ⅲ)酸钾溶液湿润或漂洗再用水冲洗、晾干,即可得到蓝底白线的图案。

3. 三草酸根合铁(Ⅲ)酸钾的组成分析

(1)结晶水含量的测定。自行设计实验方案测定产物中结晶水含量。

提示:产物在 110℃下烘干 1 h,结晶水才能全部失去;冷却过程中要在干燥器中进行。

(2)草酸根含量的测定。自行设计实验方案测定产物 $C_2O_4^{2-}$ 中的含量。

提示:利用高锰酸钾滴定 $C_2O_4^{2-}$ 时,为了加快反应速率,需升温 75℃～78℃,但不能超过 85℃,否则 $H_2C_2O_4$ 易分解($H_2C_2O_4 = H_2O + CO_2 + CO$);滴定完成后保留滴定液,用来测定铁含量。

(3)铁含量的测定。自行设计实验方案测定产物中铁的含量。

提示:加入的还原剂 Zn 粉需过量。为了保证能把 Fe^{3+} 完全还原为 Fe^{2+},反应体系需加热。Zn 粉除与 Fe^{3+} 反应外,也与溶液中的 H^+ 反应,因此溶液必须保持足够的酸度,以免 Fe^{3+},Fe^{2+} 水解析出。滴定前过量的 Zn 粉应过滤除去,过滤时要做到使溶液尽量转移到滤液中,因此过滤后要对漏斗中的 Zn 粉进行洗涤。洗涤液与滤液合并用来滴定。另外,洗涤不能用水而要用稀 H_2SO_4(为什么?)。

(4)钾含量的测定。由测得的含量即可计算出的含量,并由此确定化合物的化学式。

【思考题】

(1)合成过程中,滴加完 H_2O_2 后为什么还要煮沸溶液?

(2)合成产物的最后一步,加入质量分数为 0.95 的乙醇,作用是什么? 能否用蒸干的方法来制取产物? 为什么?

(3)产物为什么要经过多次洗涤? 洗涤不充分对其组成测定会产生怎样的影响?

实验三十四　硫酸铜的制备、提纯及成分分析

【实验目的】

(1)了解由不活泼金属与酸作用制备盐的方法。

(2)练习(直接和水浴)加热、倾析法、减压过滤、蒸发浓缩和重结晶等基本操作。

(3)学习间接碘量法测定铜含量。

【实验原理】

(一)制备及提纯

$CuSO_4 \cdot 5H_2O$ 俗名胆矾,用途十分广泛,也是制取其他铜盐的主要原料。它的制备方法有很多种,由于铜是不活泼金属,不能直接和稀硫酸发生反应制备硫酸铜,必须加入氧化剂获得 Cu^{2+}。如先将铜粉在空气中灼烧氧化成氧化铜,然后将其溶于硫酸而制得:

$$2Cu + O_2 = 2CuO$$
$$CuO + H_2SO_4 = CuSO_4 + H_2O$$

但在实验室由于灼烧往往只发生在铜屑表面,大大限制了铜粉的转化率。

也可采用混酸(浓硝酸和稀硫酸)溶解铜粉制备硫酸铜,浓硝酸先将铜氧化成 Cu^{2+},Cu^{2+} 与 SO_4^{2-} 结合得到硫酸铜:

$$Cu + 2HNO_3 + H_2SO_4 = CuSO_4 + 2NO_2 + 2H_2O$$

此时溶液中不仅有目标产物硫酸铜,还含有硝酸铜和其他可溶性及不溶性杂质。其中不溶性杂质可用过滤或倾析法除去,可溶性杂质的去除则需借助相关手段实现,例如:不纯的废铜粉还可能使体系中存在 Fe^{2+}、Fe^{3+} 以及其他重金属盐等。Fe^{2+} 离子需用氧化剂(如 H_2O_2 溶液)氧化为 Fe^{3+} 离子,然后调节溶液 $pH \approx 4.0$,并加热煮沸,使 Fe^{3+} 离子水解为 $Fe(OH)_3$ 沉淀后滤去,

$$2Fe^{2+} + 2H^+ + H_2O_2 = 2Fe^{3+} + 2H_2O$$
$$Fe^{3+} + 3H_2O = Fe(OH)_3 \downarrow + 3H^+$$

硝酸铜的溶解度在 0℃~100℃范围内均大于硫酸铜溶解度(见表 6-1),因此当热溶液冷却时,硫酸铜首先达到饱和先从溶液中析出,随着温度的下降,硫酸铜不断析出,而大部分硝酸铜仍留在母液中,经过滤得到粗产品。析出的少量硝酸铜可通过重结晶方法除去。

表 6-1　五水硫酸铜与硝酸铜在不同温度下的溶解度(单位:＿＿＿ g/100 g H_2O)

T/K	273	293	313	333	353	373
五水硫酸铜	23.1	32.0	44.6	61.8	83.8	114.0
硝酸铜	83.5	125.0	163.0	182.0	208.0	247.0

(二)组成分析

(1)结晶水数目的确定。通过对产品进行热重分析,可测其所含结晶水的数目,并可进一步得知其受热失水情况。

(2)铜含量的测定。在弱酸性溶液中($pH=3\sim4$),Cu^{2+} 与过量的 KI 作用,

生成 CuI 沉淀和 I_2，析出的 I_2 可以淀粉为指示剂，用 $Na_2S_2O_3$ 标准溶液滴定。有关反应如下：

$$2Cu^{2+} + 4I^- \rightleftharpoons 2CuI\downarrow + I_2$$
$$I_2 + 2S_2O_3^{2-} \rightleftharpoons S_4O_6^{2-} + 2I^-$$

Fe^{3+} 能氧化 I^-，对测定有干扰，可加入 $F^-(NH_4HF_2)$ 掩蔽。

【仪器和试剂】

滴定管，布氏漏斗，抽滤瓶，循环水泵，电炉，水浴锅，研钵，蒸发皿，表面皿，烧杯，容量瓶，吸量管，热天平；废铜粉，H_2O_2 溶液（3%），H_2SO_4（2 mol·dm^{-3}，3 mol·dm^{-3}），H_3PO_4（浓），KI（1 mol·dm^{-3}），淀粉溶液（0.2%），KSCN（10%），NaF（0.5 mmol·dm^{-3}），$Na_2S_2O_3$ 标准溶液（0.1 mol·dm^{-3}），HCl（1:1），氨水（1:1），HAc（1:1），浓 HNO_3。

【实验步骤】

1. $CuSO_4 \cdot 5H_2O$ 的制备与提纯

（1）铜粉表面油污的去除：称取 3 g 废铜粉，放入蒸发皿中，灼烧至表面呈黑色，自然冷却，备用。

（2）粗硫酸铜溶液的制备：灼烧过的铜屑转入烧杯，并加入 10 mL 3 mol·dm^{-3} H_2SO_4 及 5 mL 浓硝酸（在通风橱中进行），为了避免浓硝酸与铜的剧烈反应和浓硝酸自身的分解，浓硝酸的加入必须遵循缓慢、分批的原则。反应平稳后，盖上表面皿，水浴加热。为了维持反应继续进行，需要适量补加混酸。浓硝酸应尽量少加，减少引进杂质 NO_3^-。当铜屑几乎全部溶解时，表示反应完成，此时趁热用倾析法或过滤分离。将溶液转入蒸发皿中，小火蒸发浓缩至液面出现晶膜，使其自然冷却析出晶体（如无晶体析出，则需继续蒸发浓缩），减压过滤，用 5 mL 无水乙醇淋洗，抽滤。产品转至表面皿上，用滤纸吸干后称重。计算产率，母液回收。

（3）粗硫酸铜的提纯：将粗产品以每克 1.2 mL 水的比例溶于水（根据 80℃ 时硫酸铜的溶解度 83.8 g/100 g 水计算）。水浴加热使 $CuSO_4 \cdot 5H_2O$ 完全溶解，趁热过滤，滤液收集在小烧杯中，让其自然冷却，即有晶体析出（如无晶体析出，可在水浴上再加热蒸发）。完全冷却后，过滤，抽干，称量。

2. 产品的热重分析

按照使用热天平的操作步骤对产品进行热重分析。操作条件参考如下：

样品质量	10～15 mg	走纸速度	4 格·min^{-1}
热重量程	25 mg	最高温度	250℃
升温速率	5℃·min^{-1}		

测定完成后,分析记录仪绘制的曲线,处理数据,得出水合硫酸铜分几步失水,每步的失水温度,样品总计失水的质量,产品所含结晶水的百分数,确定出水合硫酸铜的化学式。并计算出每步失掉结晶水的个数,最后查阅 $CuSO_4 \cdot 5H_2O$ 的结构,结合热重分析结果,说明水合硫酸铜五个结晶水热稳定性不同的原因。

3. 产品百分含量的测定(碘量法)

(1)配制 $CuSO_4 \cdot 5H_2O$ 样品的待测溶液:准确称取 $CuSO_4 \cdot 5H_2O$ 试样,精确至0.000 1 g,用 4 mL 2 mol $\cdot$ dm^{-3} H_2SO_4 溶解后,加入适量水,定量转移至 50 mL 容量瓶中定容。

(2)测定待测溶液中 Cu^{2+} 的浓度:吸量 5.00 mL 待测液于 150 mL 碘量瓶中,加入 2 mL 1 mol $\cdot$ dm^{-3} KI 溶液,摇匀,置暗处 10 min 后,加水 10 mL,摇匀,以 0.1 mol $\cdot$ dm^{-3} $Na_2S_2O_3$ 标准溶液滴定至溶液呈黄色。再依次加入 1 mL 0.2％淀粉溶液和 2 mL10％KSCN 溶液,继续滴定至蓝色恰好消失为终点。平行滴定三次。

(3)计算样品中 Cu^{2+} 的浓度和产品中 $CuSO_4 \cdot 5H_2O$ 的百分含量。

实验三十五　非金属表面处理技术

【实验目的】

(1)了解非金属表面处理中塑料电镀的基本原理及实际应用。

(2)了解化学镀的原理和方法。

【实验原理】

塑料电镀是一种非金属电镀,即采用特殊工艺在塑料表面获得金属层,使塑料兼具塑料和金属双重优点的一种电镀方法。塑料电镀后导电、耐磨、质量轻,主要用于装饰用途。我们日常生活中所见到的一些纽扣、纪念章、汽车挡泥板、仪器仪表中的开关、工艺品等多是采用塑料电镀。

塑料进行电镀前要经过化学镀处理。化学镀前塑料镀件要经过脱脂、粗化、敏化、活化和还原(又称为解胶)等步骤。塑料表面脱脂与钢铁脱脂类似,是除去镀件表面的油渍,以利于下面步骤的进行。粗化可使塑料镀件表面形成较粗糙状态并具有亲水性,化学浸蚀粗化效果较好。化学粗蚀浸蚀液一般含有 CrO_3、H_2SO_4,是一种强氧化剂。敏化处理是指在塑料表面吸附一层还原性的二价锡离子,以便在随后的处理中在塑料表面形成一层具有催化作用的银或钯原子,后一过程称为活化。接下来是还原步骤,目的是使活化处理后塑料表面的银离子能充分还原成银原子。在塑料表面形成的银离子只对铜具有催化作用,所以使用硝酸银活化的塑料只能化学镀铜。

经过化学镀铜处理后的塑料镀件就可以进行电镀了。本实验的目的是镀锌,电镀时将化学镀处理的塑料作为阴极,以锌片作为阳极。

【仪器和试剂】

脱脂液:NaOH($40\ g \cdot L^{-1}$),Na_3PO_4($15\ g \cdot L^{-1}$),Na_2CO_3($10\ g \cdot L^{-1}$);

粗化液:$CrO_3\ 20\ g \cdot L^{-1}$,$H_2SO_4\ 600\ mL \cdot L^{-1}$,水余量;

敏化液:$SnCl_2 \cdot 2H_2O$,$10\sim30\ g \cdot L^{-1}$,HCl(37%)$40\sim50\ g \cdot L^{-1}$,锡粒若干(防止 Sn^{2+} 被氧化);

活化液:$AgNO_3\ 2\sim5\ g \cdot L^{-1}$,氨水 $20\sim25\ mL$;

还原液:甲醛:水=1:9;

化学镀铜液:$CuSO_4 \cdot 5H_2O$($7\sim9\ g \cdot L^{-1}$),酒石酸钾钠($40\sim50\ g \cdot L^{-1}$),NaOH($7\sim9\ g \cdot L^{-1}$),甲醛(37%质量分数)($11\sim13\ g \cdot L^{-1}$),用 NaOH 溶液调节化学镀铜液的 pH 在 12 左右,温度25℃~30℃(配置顺序:使用时先加硫酸铜和酒石酸钾钠,然后在搅拌条件下缓慢加入所需的氢氧化钠溶液,调整 pH 至规定范围,过滤备用,使用时加入所需的甲醛溶液);

电镀液(镀锌):$ZnSO_4$($360\ g \cdot L^{-1}$),NH_4Cl($30\ g \cdot L^{-1}$),$C_6H_{12}O_6$($120\ g \cdot L^{-1}$),NaAc($15\ g \cdot L^{-1}$);

直流稳压电源(0~3 A)、酒精灯、烧杯、导线、鳄鱼夹、砂纸、镊子、ABS 塑料片、温度计。

【实验步骤】

1. 化学镀预处理

(1)脱脂:将塑料浸入脱脂溶液中,温度 45℃~55℃,时间 15 min。将脱脂后的塑料用清水洗净。如果塑料片比较干净,可以直接用棉球蘸无水乙醇擦洗。

(2)粗化:将脱脂后的塑料浸入粗化液中 15 min,清洗后转入下一步。

(3)敏化:将粗化后的塑料浸入敏化液 3~5 min(室温)。清洗后进行下一步活化。

(4)活化:浸入活化液中 1~2 min,活化后用蒸馏水洗净。

(5)还原(解胶):浸入还原液中 0.5~1 min。

2. 化学镀铜

将镀件浸入化学镀铜溶液 5~10 min,当塑料表面有红色镀层出现后,取出镀件用蒸馏水反复冲洗,晾干。

3. 电镀锌

将镀件作为阴极,锌片为阳极,分别连接直流电源的"—""＋"端,确认连接好后,打开电源,调节旋钮使阴极电流密度为 $10\sim20\ mA\cdot cm^{-2}$。观察镀件表面现象。

【思考题】

影响塑料电镀的主要因素有哪些?

实验三十六　金属表面处理技术

【实验目的】

(1)了解金属表面处理的基本原理及实际应用。

(2)了解铝阳极氧化的原理和方法。

(3)了解钢铁发蓝处理的原理和方法。

【实验原理】

1. 铝阳极的氧化

铝化学性质活泼,其表面在空气中能形成一种氧化膜。为了提高铝表面氧化膜的耐蚀性、耐磨性以及装饰性,常采用阳极氧化处理。

铝阳极氧化时,以铅作阴极,铝件作阳极,在硫酸溶液中进行电解,在铝表面形成一层致密的氧化膜。该氧化膜具有耐磨、抗腐蚀和绝缘的性质。电解液对氧化膜有溶解作用,首先氧化膜较薄的位置先被溶解形成空隙,电解液通过空隙会进入此位置铝表面,继续发生氧化反应。只有当膜的生成速度大于溶解速度时,膜的厚度会增加。铝阳极氧化后形成的氧化膜空隙较多,吸附力强,所以容易着色。将阳极氧化后的铝浸入有机或无机着色液中一段时间即可在铝表面染色,称为化学染色。化学染色后的铝片可获得美观的装饰效果。

铝阳极氧化后形成的氧化膜空隙较多,易受腐蚀介质、污染物的侵蚀,而且有机染料也易流失,因此阳极氧化和着色后还需要进行封闭处理。封闭处理可以提高氧化膜的耐蚀性,保护膜的颜色。铝阳极氧化膜的封闭处理方法有热水、蒸汽、水解盐和常温封闭等方法。对染色后的铝片进行封闭可以在热水或水蒸气中进行,原理是氧化膜表面或孔壁中的氧化铝可以和热水反应生成水合氧化铝,使氧化膜孔隙减小。热水封闭应用蒸馏水,不可用自来水。

2. 钢铁发蓝处理

钢铁发蓝处理是在浓强碱溶液中通过强氧化剂作用在钢铁表面形成一层致密氧化膜的过程,这层氧化膜的厚度一般为几个微米,主要成分是 Fe_3O_4,一般为蓝黑色。钢铁的发蓝处理对于工业生产中的某些零部件的装饰和保护有重要作用,可以防止钢铁在空气中腐蚀。钢铁发蓝的化学反应如下:

$$3Fe + NaNO_2 + 5NaOH \rightleftharpoons 3Na_2FeO_2 + NH_3 + H_2O$$
$$6Na_2FeO_2 + NaNO_2 + 5H_2O \rightleftharpoons 3Na_2Fe_2O_4 + NH_3 + 7NaOH$$
$$Na_2FeO_2 + Na_2Fe_2O_4 + 2H_2O \rightleftharpoons Fe_3O_4 + 4NaOH$$

【仪器和试剂】

干净的铝片,直流稳压电源(0～5 A),万用电表,温度计,铜导线,鳄鱼夹,H_2SO_4(15%),$K_2Cr_2O_7$(固体),浓 HCl,茜素黄(有机着色液,0.3 g·L^{-1}),铁钉,NaOH (s),$NaNO_2$(s),丙酮,无水乙醇。

【实验步骤】

1. 氧化膜检测液的配制

称取 2 g $K_2Cr_2O_7$ 溶解在 25 mL 浓盐酸中,并用水稀释至 100 mL。

2. 发蓝液的配制

称取 7 g NaOH 和 2 g $NaNO_2$ 固体,放入 50 mL 烧杯,先加适量水溶解后,加水稀释至 25 mL,配得发蓝液。

3. 铝阳极的氧化

(1)计算所需电流的大小:根据浸入溶液部分面积和需要的电流密度计算所需电流大小。

(2)铝片的处理:铝片机械打磨;有机溶剂脱脂,用镊子夹棉花球蘸丙酮或无水乙醇擦洗铝片,后用自来水冲洗;碱洗,将铝片放入 60℃ 2 mol·dm^{-3} NaOH 溶液中浸洗 1 min,取出用自来水冲洗干净;酸洗,将铝片放入 1 mol·dm^{-3} HNO_3溶液中浸洗 1 min,取出用自来水冲洗干净,备用。

(3)阳极的氧化:以铝片为阳极,以铅或铝片为阴极,分别连接直流电源的"+""－"端,浸入电解液中。电解液为 15% 的硫酸溶液(电解液温度在 18℃～25℃,温度不能过高,注意控制温度),调节电源的旋钮,使电流密度保持在 15～20 mA·cm^{-2},通电 30～60 min。关闭电源,将铝片用自来水清洗后浸入冷水中。

(4)氧化膜质量检测:①耐腐蚀实验,在干燥的氧化和没有氧化的铝片表面分别滴一滴氧化膜质量检测液,观察气泡产生与液滴变绿的时间。检测液中含有六价铬,可以把铝单质氧化,本身被还原为绿色的三价铬。所以绿色出现的越慢,说明氧化膜越好。②绝缘性实验,用万用电表测定氧化和没有氧化的铝片表面两点间电阻,根据数据比较绝缘性。

(5)着色和封闭处理:本实验选用有机染料茜素黄着色。将氧化好的铝片浸入染料溶液中加热到 75℃,保持 5～10 min 左右即可。要将氧化好的铝片立即进行染色,染色前不能在热水中清洗,以免封闭。

4. 钢铁发蓝处理

取铁钉四枚,用砂纸打磨除锈,然后在 2 mol·dm⁻³ NaOH 溶液中加热到 70℃,保持 5 min 脱脂。取出铁钉用自来水洗净后,取其中三枚放入发蓝液中,加热至沸,分别在 10,15,20 min 取出铁钉,水洗,与未经发蓝处理的铁钉进行对比。

实验三十七　植物、土壤中某些元素的鉴定

【实验目的】

(1)学习从植物、土壤中分离和鉴定相关化学元素的方法。

(2)了解植物、土壤的化学元素组成,将相关理论知识学以致用,增加学习兴趣。

【实验原理】

植物体中含有 C,H,O,N,P,K,Ca,Mg,S,Fe,Zn,Al,Cu 等十几种元素,而碳、氢、氧、氮是主要的构成元素,个别植物可能某种元素的含量会相对较高。在通常条件下,植物通过光合作用从空气中获取碳,从水中获取氢和氧。而氮、磷、钾等元素的来源则主要是通过土壤。能够及时了解植物和土壤内相关元素的变动情况无疑会为植物的栽培或土壤的修复等提供有价值的信息。

【仪器和试剂】

研钵,白瓷点滴板,离心机,布氏漏斗,抽滤瓶,循环水泵;HCl(2 mol·dm⁻³,0.5%),NaOH(2 mol·dm⁻³),H_2SO_4(2 mol·dm⁻³),$(NH_4)_2C_2O_4$(饱和溶液),$K_4[Fe(CN)_6]$(固体),钼酸铵硫酸溶液,EDTA-HCHO 溶液,$Na(C_6H_5)_4B$(3%),$SnCl_2$(0.5 mol·dm⁻³),KSCN(0.3 mol·dm⁻³),$NH_3·H_2O$(浓),镁试剂,茜素 S,酒石酸钾钠(10%)。

【实验步骤】

(一)植物中某些元素的鉴定

1. 植物浸取液的制备

选取待测植株中叶绿素少、输导组织发达的主要功能部位为原料,剪成小块,称取 1 g 左右,置于坩埚中充分加热灰化,移至研钵中磨细,以 2 mol·dm⁻³ HCl 浸取。

2. 钙、镁、铝、铁的鉴定

取适量浸取液,加入 $NH_3 \cdot H_2O$,调节体系 pH≤8。充分反应后离心分离。分别取少量滤液滴入饱和草酸铵和镁试剂用以鉴定钙和镁。在上述沉淀中加入过量 NaOH,充分反应后离心分离,滤液中依次加入 H_2SO_4、茜素 S 和浓氨水来鉴定铝,而未溶解的沉淀用 $K_4[Fe(CN)_6]$ 或 KSCN 来鉴定铁。

(二)土壤中某些元素的鉴定

1. 土壤浸取液的制备

称取 5 g 左右的土壤置于试管中,加入 5 mL 2 mol·dm^{-3} 的 HCl,用玻璃棒充分搅拌,静置,上层清液为土壤浸取液,用以完成下述鉴定反应。

2. 硝态氮的鉴定

取适量土壤浸取液于点滴板上,并加几滴二苯胺硫酸溶液,变蓝说明有 NO_3^-。

3. 铵态氮的鉴定

取适量土壤浸取液于点滴板上,加一滴酒石酸钾钠溶液以消除 Fe^{3+} 的影响后,用奈式勒试剂鉴定 NH_4^+。

4. 磷的鉴定

取适量土壤浸取液于点滴板上,依次滴加钼酸铵硫酸溶液和氯化亚锡甘油溶液,显蓝色说明有磷元素。

5. 钾的鉴定

取适量土壤浸取液于点滴板上,滴加亚硝酸钴钠,有黄色沉淀生成示有 K^+;或取适量土壤浸取液于点滴板上,依次滴加 EDTA-HCHO 溶液和 3％四苯硼化钠,有白色沉淀生成说明也有 K^+。

实验三十八　海带提碘

【实验目的】

(1)了解从海带中提取碘的生产原理。

(2)了解萃取富集的方法。

(3)了解分光光度法测定碘的方法。

【实验原理】

碘是人体生命活动中极为重要的微量元素之一,也是一种重要的工业原料。它主要存在于海水和海洋植物中。碘在海水中含量太低,而海洋植物(如海带、马尾藻等)能够很大程度上富集海水中的碘。所以,日常应用的碘通常来自于海带等海洋植物。据有关文献报道,海带中碘含量一般为 0.3% 以上,最高可达 0.7%～0.9%,低的也为 0.2%。我国海带碘含量多数为 0.5%。因此可以利用海带的富集碘的特性提取碘。

工业从海带提取碘的主要方法:离子交换法、空气吹出法、活性炭吸附法和碘化亚铜沉淀法等。

萃取法提取碘的原理:

海带经灰化去除有机物,同时也使有机碘变为无机碘形式,方便后续提取;然后选用合适的氧化剂(如 H_2O_2)把 I^- 氧化为 I_2;最后富集、萃取碘。

主要的方程式如下:

$$2I^- + H_2O_2 + 2H^+ = I_2 + 2H_2O$$
$$3I_2 + 6OH^- = 5I^- + IO_3^- + 3H_2O$$

分光光度法是常用的测定碘含量的分析方法。该方法是基于 I_2 与可溶性淀粉作用生成蓝色吸附络合物,该络合物最大吸收波长为 580 nm,依据吸光度与显色络合物浓度间的定量关系测定碘的浓度。

【仪器和试剂】

烧杯、试管、坩埚、坩埚钳、铁架台、三脚架、泥三角、玻璃棒、酒精灯、量筒、胶头滴管、电子天平(电子秤)(± 0.01 g)、刷子、漏斗、分液漏斗、滤纸、剪刀、容量瓶(100 mL,1 L)、分光光度计、比色皿(1 cm);干海带、H_2O_2(3%)、HCl(2 mol·dm^{-3})、NaOH(2 mol·dm^{-3})、酒精、淀粉溶液、CCl_4、KI 标准溶液(200 μg·mL^{-1})和淀粉溶液(5 g·L^{-1})。

坩埚的使用

【实验步骤】

(一)海带中碘的提取

(1)称取 3.00 g 干海带,用刷子把干海带表面的附着物刷净(不要用水洗)。将海带剪碎,用酒精润湿(便于灼烧)后,放在坩埚中。

(2)用酒精灯灼烧盛有海带的坩埚(如图 6-1 所示),至海带完全成灰,停止加热,冷却。

(3)将海带灰转移到小烧杯中,再向烧杯中加入 10 mL 蒸馏水,搅拌,煮沸 2～3 min,使可溶物溶解,冷却,过滤。

图 6-1　海带的灼烧

(4)向滤液中滴入几滴盐酸,再加入约 2 mL H_2O_2 溶液,观察现象。

(5)取少量上述滤液,滴加几滴淀粉溶液,观察现象。

(6)向剩余的滤液转移到分液漏斗中并加入 1 mL CCl_4,振荡,静置。观察现象。分离。

(7)向 CCl_4 的溶液中加入 2 mol·dm^{-3} NaOH 溶液 1 mL,充分振荡后,分离,回收 CCl_4。

(8)水相完全转移至 100 mL 容量瓶中,定容,备用。

(二)海带中碘的提取率的测定

1. 标准曲线的绘制

分液漏斗的使用

分别移取碘化钾标准溶液 3.0 mL、4.0 mL、5.0 mL、6.0 mL、7.0 mL 和 8.0 mL 于 100 mL 容量瓶中,加入 1 mL 2 mol·dm^{-3} 的盐酸酸化,1~2 min 后加 2.5 mL 3‰过氧化氢溶液,1 mL 淀粉溶液,定容,摇匀,放暗处。10 min 后,测定吸光度,绘制标准曲线。

2. 海带碘提取液碘含量的测定

移取 20.00 mL 上述海带提取液于 100 mL 容量瓶中,加入 1 mL 2 mol·dm^{-3} 的盐酸和 1 mL 淀粉溶液,定容,摇匀,放暗处。10 min 后,测定吸光度。

3. 计算海带中碘的提取率

根据测定结果计算海带中碘的提取率。

【思考题】

根据实验讨论影响海带中碘提取率的主要因素。

实验三十九　由废铝箔制备硫酸铝

【实验目的】

(1)了解用铝制备硫酸铝的方法。

(2)复习沉淀与溶液分离的几种操作方法。

(3)树立废弃物利用、变废为宝的观念。

【实验原理】

废铝箔的主要成分是金属铝。铝溶于氢氧化钠溶液,制得四羟基合铝酸钠,再用稀硫酸调节溶液 pH 值,将其转化为氢氧化铝沉淀与其他物质分离,然后用硫酸溶解氢氧化铝得到硫酸铝溶液,经浓缩冷却得 $Al_2(SO_4)_3 \cdot 18H_2O$ 晶体。此过程的化学反应为:

$$2Al + 2NaOH + 6H_2O = 2Na[Al(OH)_4] + 3H_2 \uparrow$$

$$2Na[Al(OH)_4] + H_2SO_4 = 2Al(OH)_3 \downarrow + Na_2SO_4 + 2H_2O$$

$$2Al(OH)_3 + 3H_2SO_4 = Al_2(SO_4)_3 + 6H_2O$$

【仪器和试剂】

锥形瓶(250 mL),烧杯,量筒,抽滤装置,蒸发皿,比色管(50 mL);废铝箔, NaOH(固), H_2SO_4 (3 mol·dm^{-3}, 2 mol·dm^{-3}), HNO_3 (6 mol·dm^{-3}), NH_4SCN 溶液(15%),铁标准溶液(含 Fe^{3+} 10 mg·L^{-1}),pH 试纸。

【实验步骤】

1. 铝箔的处理

废弃的铝箔或香烟铝箔用水浸泡,剥洗去白纸,铝箔塑料袋,打开剥去塑料膜,以使铝能直接与反应液接触。

2. 四羟基合铝酸钠的制备

称取 1.3 g NaOH 固体于 250 mL 烧杯,加入 30 mL 去离子水使其溶解,投入 0.5 g 撕碎的废铝箔,水浴加热(在通风橱中进行,并远离明火),根据蒸发情况,可添加一些水,如不再有气泡产生,说明反应完毕。加水稀释溶液,至 80 mL 左右,过滤。

3. 氢氧化铝的生成和洗涤

将滤液加热近沸,在不断搅拌下滴加 3 mol·dm^{-3} H_2SO_4 溶液,使其 pH=8~9,继续搅拌煮沸数分钟,静置澄清。于上层清液中滴加 H_2SO_4 溶液,检验沉淀是否完全,待沉淀完全后,静置,弃去清液。用煮沸的去离子水洗涤$Al(OH)_3$ 沉淀直至洗 pH 值降至 6~7,抽滤。

4. 硫酸铝的制备

将制得的 $Al(OH)_3$ 沉淀转入烧杯中,加入约 18 mL 3 mol·dm^{-3} H_2SO_4 小心煮沸使沉淀溶解。加入去离子水稀释至 50 mL 左右,滤去不溶物。滤液用小火蒸发至 10 mL 左右,在不断搅拌下用冰水冷却,使晶体析出。待充分冷却后抽滤。产品称重,计算产率。

5. 产品检验——铁含量的检验

称取 0.5 g 样品置于小烧杯中,用 5 mL 去离子水溶解,加入 1 mL 6 mol·dm^{-3} HNO_3 和 1 mL 2 mol·dm^{-3} H_2SO_4,加热至沸,冷却,转移至 50 mL 比色管中(用少量水冲洗烧杯和玻璃棒,一并倾入比色管中),加 10 mL 15% NH_4SCN 溶液,加水至刻度,摇匀。所得颜色与标准试样比较,确定产品级别。标准试样的制作:分别准确移取 5 mL、10 mL 和 20 mL 铁标准溶液(含 Fe^{3+} 10 mg·L^{-1}),用上述方法处理,得到一、二、三级试剂的标准。

【思考题】

(1)为什么用稀碱溶液与铝箔反应,不用浓碱溶液?

(2)本实验是在哪一步骤中除掉铝箔中的铁杂质?

(3)为使制得的 $Al(OH)_3$沉淀容易过滤、洗涤,操作时应注意什么?

实验四十　含铬(Ⅵ)废液的处理

【实验目的】

(1)学习氧化还原-沉淀法处理含铬废水的原理和方法。

(2)学习分光光度法测定废水中 Cr(Ⅵ)的含量。

(3)加深对绿色化学的认识。

【实验原理】

铬(Ⅵ)(通常以 $Cr_2O_7^{2-}$ 或 CrO_4^{2-} 等的形式存在)对人体毒害很大,对皮肤有刺激,甚至可致溃烂。如果人体饮用了含铬(Ⅵ)的废水会导致贫血、神经炎,而且,Cr(Ⅵ)还能致癌。所以,国家对废水中 Cr(Ⅵ)的排放制定了严格的标准(小于 $0.5\ mg \cdot L^{-1}$)。鉴于铬(Ⅲ)的毒性远比铬(Ⅵ)小(低约 100 倍),所以往往处理含铬废液时,先将铬(Ⅵ)转化成 $Cr(OH)_3$ 难溶物,然后回收利用。处理过的废水必须经过检测,确认铬(Ⅵ)的含量满足要求方可排放。

实验中使用的铁氧体法除去废液中的铬(Ⅵ)的原理是:在含铬废液中加入过量的硫酸亚铁溶液,使六价铬被还原成三价铬,调节溶液 pH 值,加入过氧化氢,使 Cr^{3+},Fe^{3+},Fe^{2+} 保持适当的比例,并以 $Fe(OH)_2$,$Fe(OH)_3$,$Cr(OH)_3$ 的沉淀形式共同析出。将沉淀物脱水后,可得类似 $Fe_3O_4 \cdot xH_2O$ 组成的磁性氧化物,即铁氧体,其中部分三价铁被三价铬代替。含铬的铁氧体是一种磁性材料,可以应用在电子工业等领域。

$$Cr_2O_7^{2-} + 6Fe^{2+} + 14H^+ = 2Cr^{3+} + 6Fe^{3+} + 7H_2O$$

利用 Cr(Ⅵ)与二苯碳酰二肼作用生成紫红色配合物的性质,通过分光光度法测定处理后溶液中铬(Ⅵ)的浓度。

【仪器和试剂】

分光光度计,过滤装置,移液管,吸量管,比色管,表面皿;含铬废液,H_2SO_4(1∶1),$FeSO_4$(10%),NaOH(6 $mol \cdot dm^{-3}$),H_3PO_4(1∶1),H_2O_2(3%),Cr(Ⅵ)贮备液(100 $mg \cdot L^{-1}$),二苯基碳酰二肼溶液。

【实验步骤】

(一)含铬(Ⅵ)废水的处理

(1)在搅拌下向 Cr(Ⅵ)废液中滴加 H_2SO_4,使 pH 值约为 2,然后在不断搅拌下加入 $FeSO_4$ 固体,直至溶液由浅黄色变为黄绿色为止。(注意:为使 Cr(Ⅵ)还原完全,Fe^{2+} 需适当过量。但 Fe^{2+} 过量也不宜太多,因 Fe^{2+} 会干扰后续 Cr

(Ⅵ)的比色测定。)

(2)向上述体系中继续滴加 NaOH,调节 pH＝8～9,然后将溶液加热到 70℃左右,使 Fe^{3+},Cr^{3+},Fe^{2+} 形成氢氧化物状沉淀,沉淀应为墨绿色。

(3)在不断搅拌下滴加 3% 的 H_2O_2,使沉淀刚好呈现棕色即止,再充分搅拌后冷却静置,过滤。

(二)铬(Ⅵ)的测定

(1)Cr(Ⅵ)标准液的配制:准确取 1 mL Cr(Ⅵ)贮备液于 100 mL 容量瓶中,用蒸馏水稀释至刻度,摇匀备用。

(2)标准曲线的绘制:取 6 支洁净的 25 mL 比色管,从 1 到 6 编号,然后分别移取上述 0.00,2.00,4.00,6.00,8.00,10.00 mL 的 Cr(Ⅵ)标准液依次加入比色管中,再分别加入 5 滴 H_3PO_4(1∶1)和 5 滴 H_2SO_4(1∶1),摇匀后再分别加入 1.5 mL 二苯基碳酰二肼溶液,最后用蒸馏水稀释至刻度后再摇匀。用分光光度法测定时,以 1 号溶液为参比,用 1 cm 比色皿,在 540 nm 波长处测定吸光度(A),以 Cr(Ⅵ)含量为横坐标,A 为纵坐标作图,绘制标准曲线。

(3)含铬废液中 Cr(Ⅵ)的测定:取 20 mL 处理后的含铬废液加入比色管中,依次加入 5 滴 H_3PO_4(1∶1)和 5 滴 H_2SO_4(1∶1),摇匀后再分别 1.5 mL 二苯基碳酰二肼溶液,最后用蒸馏水稀释至刻度后再摇匀,测定吸光度,查工作曲线,求出 Cr(Ⅵ)的含量。

实验四十一　　由印刷电路烂板液制备硫酸铜

【实验目的】

(1)学习一种制备硫酸铜的方法。

(2)了解含铜废液利用的一种方法。

【实验原理】

现代计算机、无线电、自动控制等电子技术的迅速发展,促进了电子器件和生产工艺的不断更新,一些老工艺已不能满足需要,新技术、新工艺层出不穷。20 世纪出开始出现的印刷电路代替了费事、混乱、复杂的接线工艺。印刷电路已成为电子技术中一种普通的工艺。

印刷电路是在塑料板上粘一层铜箔,用类似印刷的方法,将需要保留的电路图纹覆盖一层抗腐蚀性物质(如油墨、油漆、高分子聚合物等)制成印刷电路图纹,未覆盖保护层的铜箔,用 $FeCl_3$ 酸性腐蚀液腐蚀掉。其反应方程式为

$$Cu + 2FeCl_3 = CuCl_2 + 2FeCl_2$$

所以"烂板液"中含有 $CuCl_2$、$FeCl_2$ 以及过量的 $FeCl_3$，是铜盐和铁盐的混合溶液。

要从印刷电路烂板液中制备五水硫酸铜，其操作过程包括如下几个步骤。

(1)用铁丝置换烂板液中的 Cu^{2+}，使其变成单质铜，其反应方程式为：

$$Cu^{2+} + Fe = Cu + Fe^{2+}$$

同时还有下列反应发生：$2Fe^{3+} + Fe = 3Fe^{2+}$

(2)单质铜在高温下灼烧，被空气氧化为 CuO：

$$2Cu + O_2 = 2CuO（高温）$$

(3)CuO 与 H_2SO_4 反应生成 $CuSO_4$：

$$CuO + H_2SO_4 = CuSO_4 + H_2O$$

溶液经过过滤、浓缩、结晶可以得到 $CuSO_4 \cdot 5H_2O$。因粗硫酸铜中含有较多的 Fe^{2+} 杂质离子，但蒸发浓缩硫酸铜溶液时，亚铁盐易被氧化为铁盐，而铁盐易水解，有可能生成 $Fe(OH)_3$ 沉淀，混杂于析出的硫酸铜结晶中，同时也可能析出 $FeSO_4 \cdot 7H_2O$ 晶体。所以在结晶前，有必要先去除铁杂质。方法是用 H_2O_2 将 Fe^{2+} 氧化为 Fe^{3+}，在调节溶液的 pH≈4，使 Fe^{3+} 离子水解生成 $Fe(OH)_3$ 沉淀而除去：

$$2Fe^{2+} + H_2O_2 + 2H^+ = 2Fe^{3+} + 2H_2O$$

$$Fe^{3+} + 3H_2O = Fe(OH)_3 + 3H^+$$

注意：一定要控制好 pH 值，pH 值不能超过 4，否则易生成 $Cu(OH)_2$ 沉淀，影响产量，若要得到更好的产品可进行重结晶。

【仪器和试剂】

烧杯(100 mL)，抽滤装置，酒精灯，电子天平(电子秤)(±0.01 g)，坩埚，蒸发皿，量筒(10 mL，100 mL)；烂板液，铁丝，10% Na_2CO_3 溶液，1 mol·dm^{-3} H_2SO_4，3 mol·dm^{-3} H_2SO_4，3% H_2O_2，$CuCO_3$ 粉末。

【实验步骤】

1. Cu 粉的制备

用电子天平称取 2.0 g 铁丝，放入 100 mL 小烧杯中，加入 10 mL 10% Na_2CO_3 溶液中，缓缓加热约 10 min，去除铁丝表面的油污，然后倒出碱液，用水将铁丝洗干净。用量筒量取 30 mL 烂板液($c_{Cu^{2+}}=0.4$ mol·dm^{-3}，$c_{Fe^{2+}}=0.8$ mol·dm^{-3}，$c_{Fe^{3+}}=0.01$ mol·dm^{-3})，加入到上述已去油污的铁丝中，小火加热，搅拌。反应完全后，用夹子取出铁丝，并用蒸馏水洗脱附着在上面的铜粉，然后抽滤，吸干，称取铜粉的质量。

2. 氧化铜的制备

将铜粉置于坩埚中，先用小火加热，防止结块，再用大火灼烧 20 min 左右，并不断搅拌，使 Cu 充分氧化为 CuO。反应完全后，放置冷却。

3. 粗 $CuSO_4$ 溶液的制备

根据 Cu 粉质量计算所需加 $1 \text{ mol} \cdot \text{dm}^{-3}$ H_2SO_4 的体积，用量筒量取一定体积的 $1 \text{ mol} \cdot \text{dm}^{-3}$ H_2SO_4 溶液于干净的小烧杯中。边搅拌边将 CuO 粉慢慢倒入其中，将小烧杯放在石棉网上小火加热，并不断搅拌，得到蓝色的 $CuSO_4$ 溶液。若有黑色(透过蓝色溶液观察)不溶物，实为单质铜，原因是灼烧不充分。

4. $CuSO_4$ 的精制

在粗 $CuSO_4$ 溶液中，滴加 2 mL 3% H_2O_2 溶液，加热。当 Fe^{2+} 完全氧化后，慢慢加入 $CuCO_3$ 粉末，同时不断搅拌直到溶液 pH＝4。在此过程中，要不断用 pH 试纸测试溶液的 pH 值，直到 pH＝4。再加热至沸，趁热减压过滤，将滤液转移至洁净的小烧杯中。

5. $CuSO_4 \cdot 5H_2O$ 晶体的制备

在精制后的 $CuSO_4$ 溶液中，滴加 $3 \text{ mol} \cdot \text{dm}^{-3}$ H_2SO_4 酸化，调节溶液至 pH＝1 后，转移至洁净的蒸发皿中，水浴加热蒸发至液面出现晶膜时停止。在室温下冷却至晶体析出，然后减压过滤，晶体用滤纸吸干后称重。计算产率。

【思考题】

(1)在粗 $CuSO_4$ 溶液中 Fe 杂质为什么要氧化后再除去？为什么要调节溶液的 pH＝4，pH 值太大或太小有何影响？

(2)为什么要在精制后的 $CuSO_4$ 溶液中调节 pH＝1，使溶液呈强酸性？

(3)蒸发、结晶制备 $CuSO_4 \cdot 5H_2O$ 时，为什么不能将溶液蒸干？

实验四十二　从废钒触媒中回收五氧化二钒

【实验目的】

(1)进一步了解钒(V)的性质。

(2)熟练分离、沉淀、过滤等基本操作。

【实验原理】

在钒触媒中，钒是以 KVO_3 的形式分散在载体硅藻土上的。但在接触法制造硫酸的催化剂装置更换下来的废钒触媒中，30%～70%的钒以 $VOSO_4$ 的形式存在。为了从废钒触媒中回收 V_2O_5，可在酸性条件下，选择适当的氧化剂将钒(Ⅳ)氧化成钒(V)。例如选用 $KClO_3$ 为氧化剂，发生如下反应：

$$ClO_3^- + 6VO^{2+} + 3H_2O = 6VO_2^+ + Cl^- + 6H^+$$

VO_2^+ 再水解,就得到 V_2O_5:

$$2VO_2^+ + H_2O = V_2O_5 + 2H^+$$

所得粗粒 V_2O_5 沉淀为砖红色,俗称"红饼"。

【仪器和试剂】

研钵,抽滤装置,蒸发皿;废钒触媒,H_2SO_4(1 mol·dm^{-3},2 mol·dm^{-3}),$KClO_3$(晶体),pH 试纸,NaOH 溶液(6 mol·dm^{-3})。

【实验步骤】

1. 浸出

称取 50.0 g 研细的废钒触媒,加入 120 mL 2 mol·dm^{-3} H_2SO_4溶液,充分搅动 1 h。

2. 过滤

抽滤,保留滤液,滤渣用 20 mL 1 mol·dm^{-3}H_2SO_4溶液浸洗抽滤,弃去滤渣,将滤液合并在一起。

3. 氧化

将翠绿色滤液加热至近沸,向热滤液中慢慢加入 1.0 g $KClO_3$晶体,并不断搅拌至滤液变成黄色。

4. 水解

将上述黄色溶液加热至近沸。在维持近沸的温度(90℃～95℃)下,逐滴加入 6 mol·dm^{-3}NaOH 溶液,不断搅拌,并随时用 pH 试纸检验溶液的酸度,要求水解反应在 pH＝1～2 下进行。直至有砖红色沉淀析出,保持 90℃～95℃ 0.5 h,停止加热。

5. 分离

将所得砖红色沉淀抽滤,用少量蒸馏水洗涤,抽干,称重。

【思考题】

为什么水解时要控制 pH＝1～2？

实验四十三 水热法制备纳米二氧化锡

【实验目的】

(1)了解纳米无机氧化物的制备及水热合成方法。

(2)了解纳米粒子基本特征。

(3)了解无机氧化物离子的基本表征方法。

(4)学习水热法制备纳米二氧化锡。

【实验原理】

纳米粒子(nano particle)也称超微颗粒,一般是指尺寸在 $1 \sim 100$ nm 间的粒子。它的粒径大小处在原子簇和宏观物体交界的过渡区域,从通常的关于微观和宏观的观点看,这样的体系既非典型的微观系统亦非典型的宏观体系,而是一种典型介观体系。它具有表面效应、小尺寸效应和宏观量子隧道效应。当将宏观物体细分成超微颗粒(纳米级)后,它将显示出许多奇异的特性,即它的光学、热学、电学、磁学、力学以及化学方面的性质和大块固体时相比将会有显著的不同。

纳米材料的制备方法很多,水热方法是一种重要的制备纳米粒子的液相方法,其优点在于操作简便,生成粒子粒度均匀,粒子团聚少等。水热反应的条件,如温度、晶化时间、介质的 pH 值等都是产物性质的重要影响因素。

二氧化锡是重要的半导体材料,纳米二氧化锡因比表面积大,可作为良好的传感、导电薄膜和催化材料。

反应原理:以 $SnCl_4$ 为原料,使其水解产生 $Sn(OH)_4$,然后脱水缩合最终生成纳米 SnO_2。

$$SnCl_4 + 4H_2O \longrightarrow Sn(OH)_4 + 4HCl$$
$$nSn(OH)_4 \longrightarrow nSnO_2 + 2nH_2O$$

【仪器和试剂】

循环水泵,布氏漏斗,抽滤瓶,烧杯,恒温干燥箱,不锈钢压力釜(带聚四氟乙烯衬),滤纸,坩埚,研钵,X-射线衍射仪,透射(扫描)电子显微镜;$SnCl_4$,KOH,HAc。

【实验步骤】

1. 文献查阅及方案设计

以纳米粒子、二氧化锡、水热合成等为关键词查阅文献,深入了解有关实验内容及制备条件对产物性质的影响;合理设计实验中的有关参数:如浓度、晶化温度、酸度等,建议分别在 $140℃ \sim 170℃$、pH $1 \sim 2$ 和 $2 \sim 4$ h 间选择晶化温度、酸度和晶化时间;也可以设计正交实验考察各因素影响。

2. 水热晶化缩合

根据设计方案,配置反应溶液,装釜密封,放入恒温干燥箱中晶化缩合。

3. 产品干燥处理

晶化缩合后混合物减压过滤,洗涤,干燥,研磨。

4. 产物性质表征

用 X-射线衍射仪分析处理后产品的物相,并与 JCPDS 标准卡片对照;利用透射(扫描)电子显微镜观察产物粒径大小。

【思考题】

(1)合成过程中影响粒径大小的主要因素有哪些?

(2)举例说明可能用水热合成方法制备的其他纳米粒子。

实验四十四　固体酒精的制备

【实验目的】

(1)学习固体酒精的制备方法。

(2)使学生更多地了解化学在日常生活中的应用。

【实验原理】

由于液体酒精携带不便,可以将酒精制成豆腐一样的块状固体,将其储存在铁罐中,使用时将固体酒精用火柴直接点燃,较液体酒精安全且携带运输方便。

硬脂酸与氢氧化钠混合后发生下列反应:

$$CH_3(CH_2)_{16}COOH + NaOH = CH_3(CH_2)_{16}COONa + H_2O$$

反应生成的硬脂酸钠是一个长碳链的极性分子,室温下不易溶于酒精,在较高的温度下,硬脂酸钠可以均匀地分散在液体酒精中,而冷却后则形成凝胶体系,使酒精分子被束缚于相互连接的大分子之间,呈不流动状态而使酒精凝固,形成了固体状态的酒精。

【仪器和试剂】

电动搅拌器,控温仪,水浴锅,三颈烧瓶,回流冷凝管;酒精(工业品,市售),硬脂酸(工业品,市售),氢氧化钠(分析纯),酚酞(指示剂),硝酸铜(分析纯),硝酸钴(分析纯)。

【实验步骤】

用蒸馏水将硝酸铜配成 10% 的水溶液备用,将氢氧化钠配成 8% 的水溶液,然后用工业酒精稀释成 1:1 的混合溶液,备用。将 1 g 酚酞溶于 100 mL 60% 的工业酒精中,备用。

分别取 5 g 工业硬脂酸、100 mL 工业酒精和两滴酚酞置于 150 mL 的三颈烧瓶中,水浴加热,搅拌,回流。维持水浴温度在 70℃ 左右,直至硬脂酸全部溶解后,马上滴加事先配好了的氢氧化钠混合溶液,滴加速度先快后慢,滴至溶液颜色由无色变为浅红又马上褪掉为止。继续维持水浴温度在70℃左右,搅拌,回流反应10 min后,一次性加入2.5 mL 10%的硝酸铜溶液继续反应5 min后,停止加热,冷却至60℃,再将溶液倒入模具中,自然冷却,得嫩蓝绿色的固体酒精。若改用一次性加入0.5 mL 10%的硝酸钴溶液,可得浅紫色的固体酒精。

【制备条件考察】

1. 硬脂酸的用量对固体酒精质量的影响

在100 mL的工业酒精中分别加入3.5 g,4.0 g,4.5 g,5.0 g,5.5 g,6.0 g硬脂酸,均滴加适量的氢氧化钠,考查硬脂酸的用量对产品的固化状况、硬度及燃烧状况的影响,实验结果填入见表6-2。

表6-2　硬脂酸的用量对固体酒精质量的影响

编号	硬脂酸/g	反应现象	固化状况	每3 g产品燃烧时间/s	燃烧状况
1	3.5				
2	4.0				
3	4.5				
4	5.0				
5	5.5				
6	6.0				

2. 反应温度对固体酒精质量的影响

按实验步骤,保持工业酒精100 mL与5 g硬脂酸和适量的氢氧化钠配比不变,待硬脂酸溶解后,控制滴加温度分别为60℃,65℃,70℃,75℃,80℃,实验结果填入表6-3。

表6-3　反应温度对固体酒精质量的影响

编号	温度/℃	反应现象	固化状况	每3 g产品燃烧时间/s	燃烧状况
1	60				
2	65				
3	70				
4	75				
5	80				

3. 不同金属离子对固体酒精质量的影响

金属离子的加入有两个作用：一是改变了固体酒精的外观色泽，二是改变了固体酒精燃烧时火焰的颜色。考察少量不同的无机盐加入对固体酒精的外观色泽和火焰颜色改变，按实验步骤，保持水浴温度在70℃时，分别一次性加入不同无机盐溶液继续反应5 min后结束实验，实验结果填入表6-4。

表6-4　不同金属离子对固体酒精质量的影响

编号	盐类名称	加入量/mL	反应现象	固化状况	每3 g产品燃烧时间/s	燃烧状况
1	10％硝酸铜	2.5				
2	10％硝酸铁	2.5				
3	10％硝酸镍	2.5				
4	10％硝酸钴	2.5				
5	10％硝酸钴	1.5				
6	10％硝酸钴	0.5				

4. 氢氧化钠的用量对固体酒精质量的影响

氢氧化钠的用量主要影响产品的硬度、燃烧时流淌程度、燃烧后剩余残渣的量。在不加无机盐的情况下，在100 mL酒精中加入5 g硬脂酸，选用酚酞做指示剂，滴加温度为70℃，实验结果填入表6-5。

表6-5　氢氧化钠的用量对固体酒精质量的影响

编号	8％氢氧化钠溶液的体积/mL	反应现象	固化状况	每3 g产品燃烧时间/s	燃烧状况
1	8.5				
2	9.0				
3	9.5				
4	10				

总结以上所得数据，确定酒精：硬脂酸：氢氧化钠的最佳配比和最佳水浴温度。

实验四十五　金纳米粒子的制备及性质

【实验目的】

(1)学习还原法制备纳米金粒子的方法；

（2）学习吸光曲线的测定方法，了解粒径对金纳米光谱性质的影响；

（3）学习王水的配制和使用；

（4）学习搭建回流加热装置。

【实验原理】

纳米材料是指粒径在 1~100 nm 之间的物质，由于粒径小，表面积和表面能增大，导致其光、电、磁以及催化等物理化学性质有别于大颗粒物质。

本实验以柠檬酸钠为还原剂还原四氯合金（Ⅲ）酸制备金纳米粒子。

金纳米粒子的 制备及性质

$$HAuCl_4(aq) + Na_3C_6H_5O_7(aq) \xrightarrow{\text{加热回流 10 min}} Au$$

原料柠檬酸钠与四氯合金（Ⅲ）酸的比例影响所制得的金纳米颗粒的粒径大小，柠檬酸钠与四氯合金（Ⅲ）酸的比例大，所得纳米金粒子小，反之粒径大。制备中要求所用实验器皿先以王水润洗，后蒸馏水清洗。柠檬酸钠与四氯合金（Ⅲ）酸反应时要保持加热和搅拌均匀。

制得的纳米金粒子的形貌和大小可以用紫外－可见分光光度计和透射电子显微镜鉴定表征。纳米金粒子在吸收光谱中有一特征吸收谱带，称作表面等离子共振谱带，通常与粒子的形状和大小有关。因此通过测定吸收光谱判断制备的金粒子的大小。同时也可以通过透射电子显微镜进一步表征纳米金粒子的形貌、大小和粒径分布。

【仪器试剂】

圆底烧瓶（50 mL）、冷凝管、漏斗、滴管、磁搅拌子、磁力搅拌器、沙浴锅、海沙、固定夹、铁架台、试管、样品瓶（10 mL）、乳胶手套、激光笔，移液枪（2 mL）、移液管（15 mL），紫外-可见分光光度计、透射电子显微镜。

磁力搅拌器 的使用

浓盐酸、浓盐酸、四氯合金（Ⅲ）酸（$HAuCl_4$）溶液（1 mmol · dm^{-3}）、柠檬酸钠（$Na_3C_6H_5O_7$）溶液（38.8 mmol · dm^{-3}）、氯化钠（NaCl）溶液（1 mol · dm^{-3}）。

【实验步骤】

（一）纳米金粒子制备

1. 玻璃仪器清洗

首先在通风橱中取 5 mL 浓硝酸和 15 mL 浓盐酸混合于 100 mL 烧杯中配制王水。然后将所需实验中使用的圆底烧瓶、冷凝管、磁搅拌子、样品瓶、比色皿等在王水中润洗内面约 1 分钟,将王水倒入回收烧杯中。以大量去离子水将所有器皿冲洗 4～5 次后,倒置滴干。

2. 搭建回流装置

量取 15 mL 的 1 mmol·dm⁻³ 四氯合金(Ⅲ)酸(HAuCl₄)溶液至 50 mL 圆底烧瓶中,加入磁搅拌子。用固定夹将圆底烧瓶固定于铁架台上,再将圆底烧瓶放在电磁加热搅拌器上的沙浴锅中,调整到搅拌子能平稳搅拌。圆底烧瓶上方接冷凝管,需使磨砂口接合紧密,固定冷凝管。连接橡皮管,让冷却水自下端流入、上方排出。在沙浴锅中加入适量海沙,调整装置正直不歪斜。

3. 加热反应和溶液冷却

加热四氯合金(Ⅲ)酸溶液并不断搅拌,沸腾后自冷凝管上端垂直地快速加入 1.8 mL(或 1.0 mL)38.8 mmol·dm⁻³ 的柠檬酸钠溶液,持续搅拌加热至溶液沸腾 10 分钟。然后停止加热,移除沙浴系统,再持续搅拌冷却 15 分钟。观察和记录上述过程反应体系颜色变化。

(二)纳米金粒子表征

1. 纳米金吸收光谱测定

于 1 支干净试管中加约 1 mL 纳米金溶液及 4 mL 蒸馏水,混匀作为待测溶液,水作为参比溶液。每次增加 20 nm,测量纳米金溶液 400～700 nm 的吸光度,510～540 nm 间隔变化为 5nm(也可以利用带有扫描功能光谱仪完成),绘制吸光曲线。

2. 纳米金溶液胶体性质

分别用激光笔照射装有 1 mL 的 1 mol·dm⁻³ NaCl 溶液和纳米金溶液的两只试管,观察并记录现象。

3. 纳米金溶液形貌和粒径分布

利用透射电子显微镜观察形貌并测定粒径分布。

【思考题】

(1)举例说明粒径变小对熔点的影响。

(2)胶体的定义和性质是什么?

【参考文献】

台湾大学化学系. 大学普通化学实验(14 版). 台北:台大出版中心,2015.

【致谢】

感谢台湾大学佘瑞琳教授的指导、分享和支持。

附　录

附录一　难溶化合物的溶度积常数（298 K）

难溶物	K_{sp}	难溶物	K_{sp}
AgBr	5.0×10^{-13}	Hg_2Cl_2	1.3×10^{-18}
AgCl	1.8×10^{-10}	HgC_2O_4	1.0×10^{-7}
AgI	8.3×10^{-17}	Hg_2CO_3	8.9×10^{-17}
AgOH	2.0×10^{-8}	Hg_2I_2	4.5×10^{-29}
Ag_3PO_4	1.4×10^{-16}	HgI_2	2.8×10^{-29}
Ag_2S	6.3×10^{-50}	$Hg_2(OH)_2$	2.0×10^{-24}
Ag_2SO_4	1.4×10^{-5}	HgS(红)	4.0×10^{-53}
$Al(OH)_3$	1.3×10^{-33}	HgS(黑)	1.6×10^{-52}
$BaCO_3$	5.1×10^{-9}	$MgCO_3$	3.5×10^{-8}
BaC_2O_4	1.6×10^{-7}	$MgCO_3 \cdot 3H_2O$	2.1×10^{-5}
$BaCrO_4$	1.2×10^{-10}	$Mg(OH)_2$	1.8×10^{-11}
$Ba_3(PO_4)_2$	3.4×10^{-23}	$Mg_3(PO_4)_2 \cdot 8H_2O$	6.3×10^{-26}
$BaSO_4$	1.1×10^{-10}	$MnCO_3$	1.8×10^{-11}
BaS_2O_3	1.6×10^{-5}	$Mn(OH)_4$	1.9×10^{-13}
$Bi(OH)_3$	4.0×10^{-31}	MnS(非晶)	2.5×10^{-10}
$BiPO_4$	1.26×10^{-23}	MnS(晶型)	2.5×10^{-13}
$CaCO_3$	2.8×10^{-9}	$NiCO_3$	6.6×10^{-9}
$CaC_2O_4 \cdot H_2O$	4.0×10^{-9}	NiC_2O_4	4.0×10^{-10}
CaF_2	2.7×10^{-11}	$Ni(OH)_2$(新)	2.0×10^{-15}
$Ca(OH)_2$	5.5×10^{-6}	$Ni_3(PO_4)_2$	5.0×10^{-31}
$Ca_3(PO_4)_2$	2.0×10^{-29}	α-NiS	3.2×10^{-19}
$CaSO_4$	3.16×10^{-7}	β-NiS	1.0×10^{-24}
$CaSiO_3$	2.5×10^{-8}	γ-NiS	2.0×10^{-26}
$CdCO_3$	5.2×10^{-12}	$PbCrO_4$	2.8×10^{-13}

续表

难溶物	K_{sp}	难溶物	K_{sp}
$CdC_2O_4 \cdot 3H_2O$	9.1×10^{-8}	PbI_2	7.1×10^{-9}
$Cd_3(PO_4)_2$	2.5×10^{-33}	$Pb(OH)_2$	1.2×10^{-15}
CdS	8.0×10^{-27}	$Pb(OH)_4$	3.2×10^{-66}
$CoCO_3$	1.4×10^{-13}	$Pb_3(PO_4)_2$	8.0×10^{-43}
CoC_2O_4	6.3×10^{-8}	PbS	1.0×10^{-28}
$Co(OH)_2$	1.6×10^{-15}	$PbSO_4$	1.6×10^{-8}
$Co(OH)_3$	1.6×10^{-44}	$Sn(OH)_2$	1.4×10^{-28}
$Co_3(PO_4)_2$	2.0×10^{-35}	$Sn(OH)_4$	1.0×10^{-56}
$Cr(OH)_3$	6.3×10^{-31}	SnO_2	4.0×10^{-65}
$CuCl$	1.2×10^{-6}	SnS	1.0×10^{-25}
$CuCO_3$	2.34×10^{-10}	$SrCO_3$	1.1×10^{-10}
CuI	1.1×10^{-12}	$SrC_2O_4 \cdot H_2O$	1.6×10^{-7}
$Cu(OH)_2$	4.8×10^{-20}	$SrSO_4$	3.2×10^{-7}
Cu_2S	2.5×10^{-48}	$VO(OH)_3$	5.9×10^{-23}
$Fe(OH)_3$	4.0×10^{-38}	$ZnCO_3$	1.4×10^{-11}
$FePO_4$	1.3×10^{-22}	$Zn(OH)_2$	1.2×10^{-17}
FeS	6.3×10^{-18}	$Zn_3(PO_4)_2$	9.0×10^{-33}
Hg_2Br_2	5.6×10^{-23}	$\alpha\text{-}ZnS$	1.6×10^{-24}
$PbBr_2$	4.0×10^{-5}	$\beta\text{-}ZnS$	2.5×10^{-22}
$PbCl_2$	1.6×10^{-5}		
$PbCO_3$	7.4×10^{-14}		

注:表中数据摘自 John A. Dean: Lange's Handbook of Chemistry, 13th Ed., 5~7(1985)

附录二　常见弱酸、弱碱的电离常数(298 K)

弱电解质	电离常数	弱电解质	电离常数
H_3AsO_4	$K_1^\ominus=6.3\times10^{-3}$	H_2S	$K_1^\ominus=1.3\times10^{-7}$
	$K_2^\ominus=1.0\times10^{-7}$		$K_2^\ominus=7.1\times10^{-15}$
	$K_3^\ominus=3.2\times10^{-12}$	HSO_4^-	$K_2^\ominus=1.0\times10^{-2}$
$HAsO_2$	$K^\ominus=6.0\times10^{-10}$	H_2SO_3	$K_1^\ominus=1.3\times10^{-2}$
H_3BO_3	$K^\ominus=5.8\times10^{-10}$		$K_2^\ominus=6.3\times10^{-8}$
H_2CO_3	$K_1^\ominus=4.2\times10^{-7}$	H_2SiO_3	$K_1^\ominus=1.7\times10^{-10}$
	$K_2^\ominus=5.6\times10^{-11}$		$K_2^\ominus=1.6\times10^{-12}$
$H_2C_2O_4$	$K_1^\ominus=5.9\times10^{-2}$	CH_3COOH	$K^\ominus=1.8\times10^{-5}$
	$K_2^\ominus=6.4\times10^{-5}$	$CH_2ClCOOH$	$K^\ominus=1.4\times10^{-3}$
HCN	$K^\ominus=6.2\times10^{-10}$	$CHCl_2COOH$	$K^\ominus=5.0\times10^{-2}$
$HC_rO_4^-$	$K^\ominus=3.2\times10^{-7}$	CCl_3COOH	$K^\ominus=2.3\times10^{-1}$
HF	$K^\ominus=7.2\times10^{-4}$	邻-$C_6H_4(COOH)_2$	$K_1^\ominus=1.1\times10^{-3}$
HNO_2	$K^\ominus=5.1\times10^{-4}$		$K_2^\ominus=3.6\times10^{-6}$
H_3PO_4	$K_1^\ominus=7.6\times10^{-3}$	EDTA	$K_1^\ominus=1.0\times10^{-2}$
	$K_2^\ominus=6.3\times10^{-8}$		$K_2^\ominus=2.1\times10^{-3}$
	$K_3^\ominus=4.4\times10^{-13}$		$K_3^\ominus=6.9\times10^{-7}$
$H_4P_2O_7$	$K_1^\ominus=3.0\times10^{-2}$		$K_4^\ominus=5.5\times10^{-11}$
	$K_2^\ominus=4.4\times10^{-3}$	CH_3NH_2	$K^\ominus=4.2\times10^{-4}$
	$K_3^\ominus=2.5\times10^{-7}$	$NH_3\cdot H_2O$	$K^\ominus=1.8\times10^{-5}$
	$K_4^\ominus=5.6\times10^{-10}$	$H_2N\text{-}NH_2$	$K_1^\ominus=3.0\times10^{-6}$
H_3PO_3	$K_1^\ominus=5.0\times10^{-2}$		$K_2^\ominus=8.9\times10^{-16}$
	$K_2^\ominus=2.5\times10^{-7}$	NH_2OH	$K^\ominus=9.1\times10^{-9}$

附录三　常用酸碱指示剂

指示剂	变色范围(pH)	颜色变化	配制方法
甲基紫	0.1~1.5	黄~蓝	0.25 g 溶于 100 mL 水
百里酚蓝(麝香草酚蓝,第一次变色)	1.2~2.8	红~黄	0.1 g 溶于 100 mL 20％乙醇或 0.1 g 溶于 10.75 mL 0.02 mol·dm^{-3} NaOH 溶液中,加水稀释至 250 mL
甲基黄	2.9~4.0	红~黄	0.1 g 溶于 100 mL 90％乙醇
甲基橙	3.1~4.4	红~黄	0.1 g 溶于 100 mL 热水中
溴酚蓝	3.0~4.6	黄~紫	0.1 g 溶于 100 mL 20％乙醇或 0.1 g 溶于 7.5 mL 0.02 mol·dm^{-3} NaOH 溶液中,加水稀释至 100 mL
刚果红	3.0~5.2	蓝紫~红	0.1 g 溶于 100 mL 水
溴甲酚绿	4.0~5.6	黄~蓝	0.1 g 溶于 100 mL 20％乙醇
甲基红	4.4~6.2	红~黄	0.1 g 溶于 100 mL 60％乙醇
石蕊	5.0~8.0	红~蓝	1 g 溶于 50 mL 水中,静置一昼夜后过滤,在滤液中加 30 mL 95％的乙醇,加水稀释至 100 mL
溴百里酚蓝	6.0~7.6	黄~蓝	0.1 g 溶于 100 mL 20％乙醇
中性红	6.8~8.0	红~黄橙	0.1 g 溶于 100 mL 60％乙醇
苯酚红	6.8~8.4	黄~红	0.1 g 溶于 100 mL 60％乙醇
甲酚红	7.2~8.8	黄~紫红	0.1 g 溶于 100 mL 20％乙醇
百里酚蓝(第二次变色)	8.0~9.6	黄~蓝	0.1 g 溶于 100 mL 20％乙醇
酚酞	8.0~10.0	无色~红	0.2 g 溶于 100 mL 90％乙醇
邻甲酚酞	8.2~9.8	无色~红	0.1 g 溶于 250 mL 乙醇
百里酚酞	9.4~10.6	无色~蓝	0.1 g 溶于 100 mL 90％乙醇
茜素黄	10.0~12.0	黄~紫	0.1 g 溶于 100 mL 50％乙醇

续表

指示剂	变色范围 (pH)	颜色变化	配制方法
硝胺	11.0～13.0	黄～橙棕	0.1 g 溶于 100 mL 70％乙醇
靛蓝二磺酸钠 (靛红)	11.6～14.0	蓝～黄	0.1 g 溶于 100 mL 50％乙醇
百里酚蓝和甲酚红 混合指示剂		黄～紫	3 份 w 为 0.001 的百里酚蓝酒精溶液与 1 份 w 为 0.001 甲酚红溶液混合均匀(在混合前一定要溶解完全)

附录四　一些特殊试剂的配制

试剂	配制方法
淀粉溶液	5 g 可溶性淀粉与 100 mg 氯化锌混合,加少量水,搅匀,把糊状物倒入约 1 L 正在沸腾的水中,搅匀并煮沸至完全透明。最好现用现配
镁试剂	溶 0.001 g 对硝基苯偶氮间苯二酚于 100 mL l mol·dm^{-3}NaOH 溶液中
铝试剂	溶 0.2 g 铝试剂于 100 mL 水中
奈斯勒试剂	将 11.5 g HgI_2 及 8 g KI 溶于水中稀释至 50 mL,加入 6 mol·dm^{-3}NaOH 50 mL,静置后取清液贮于棕色瓶中
醋酸铀酰锌	分别溶解 10 g $UO_2(Ac)_2$·$2H_2O$ 和 30 g $Zn(Ac)_2$·$2H_2O$ 于 6 mL 30％的 HAc 中使其溶解,稀释至 50 mL,后将两种溶液加热至 70℃后混合,静置 24 h,取其澄清溶液贮于棕色瓶中
钼酸铵试剂	5 g $(NH_4)_2MnO_4$ 加 5 mL 浓 HNO_3,加水至 100 mL
磺基水杨酸	10 g 磺基水杨酸溶于 65 mL 水中,加入 35 mL 2 mol·dm^{-3}NaOH,摇匀
硫代乙酰胺	溶解 5 g 硫代乙酰胺于 100 mL 水中,如浑浊需过滤
钴亚硝酸钠试剂	溶解 $NaNO_2$ 23 g 于 50 mL 水中,加 6 mol·dm^{-3}HAc 16.5 mL 及 $Co(NO_3)_2$·$6H_2O$ 3 g,静置过夜,过滤或取其清液,稀释至 100 mL 贮存于棕色瓶中。每隔四个星期重新配制
亚硝酰铁氰化钠	溶解 1 g 亚硝酰铁氰化钠于 100 mL 水中。每隔数日,即需重新配制

续表

试剂	配制方法
氯化亚锡（1 mol·dm^{-3}）	溶 23 g SnCl$_2$·2H$_2$O 于 34 mL 浓 HCl 中，加水稀释至 100 mL 临用时配制
银氨溶液	溶解 1.7 g AgNO$_3$ 于 17 mL 浓氨水中，再用蒸馏水稀释至 1 L
品红溶液	将 0.1 g 品红溶于 100 mL 水中
斐林试剂	溶解 3.5 g CuSO$_4$·5H$_2$O 于含有数滴 H$_2$SO$_4$ 的蒸馏水中，稀释溶液至 50 mL。另溶解 7 g NaOH 及 17.5 g 酒石酸钾钠于 40 mL 水中，稀释溶液至 50 mL，使用时等体积混合两溶液，并充分搅拌
邻菲咯啉指示剂	0.25 g 邻菲咯啉加几滴 6 mol·dm^{-3} H$_2$SO$_4$ 100 mL 水中
二苯胺磺酸钠	0.5 g 二苯胺磺酸钠溶解于 100 mL 水中，如溶液浑浊，可滴加少量 HCl 溶液
铬黑 T	将铬黑 T 与烘干的 NaCl 按 1∶100 混合，研磨均匀，放入棕色瓶，保存于干燥器内。指示剂也可配成 0.5% 的溶液使用：0.5 g 铬黑 T 加 10 mL 三乙醇胺和 90 mL 乙醇，充分搅拌使其溶解完全。配制的溶液不宜久放
钙指示剂	钙指示剂与烘干的 NaCl 按 1∶100 混合，研磨均匀，放入棕色瓶，保存于干燥器内。可成 0.5% 的水溶液或乙醇溶液使用（最好用新配制的）
氯水	将氯气通入水中至饱和
溴水	将水中滴入液态溴至饱和
碘水	1.3 g 碘和 5 g KI 溶解在尽可能少的水中，完全溶解后，加水稀释

附录五　常用标准缓冲溶液的 pH 值

温度 /℃	0.05 mol·dm^{-3} 四草酸氢钾溶液	0.05 mol·dm^{-3} 邻苯二甲酸氢钾溶液	0.025 mol·dm^{-3} 磷酸二氢钾和磷酸氢二钠混合盐溶液	0.01 mol·dm^{-3} 硼砂
5	1.67	4.00	6.95	9.39
10	1.67	4.00	6.02	9.33
15	1.67	4.00	6.90	9.28
20	1.68	4.00	6.88	9.23
25	1.68	4.00	6.86	9.18
30	1.68	4.01	6.85	9.14
35	1.69	4.02	6.84	9.11

附录六　常用酸碱溶液的密度和浓度

溶液名称	密度 $\rho/\text{g} \cdot \text{cm}^{-3}$	质量分数 $w/\%$	物质的量浓度 $c/\text{ mol} \cdot \text{dm}^{-3}$
浓硫酸	1.84	95～96	18
稀硫酸	1.18	25	3
稀硫酸	1.06	9	1
浓盐酸	1.19	38	12
稀盐酸	1.10	20	6
稀盐酸	1.03	7	2
浓硝酸	1.40	65	14
稀硝酸	1.20	32	6
稀硝酸	1.07	12	2
浓磷酸	1.7	85	15
稀磷酸	1.05	9	1
稀高氯酸	1.12	19	2
浓氢氟酸	1.13	40	23
氢溴酸	1.38	40	7
氢碘酸	1.70	57	7.5
冰醋酸	1.05	99～100	17.5
稀醋酸	1.04	35	6
稀醋酸	1.02	12	2
浓氢氧化钠	1.43	40	14
稀氢氧化钠	1.09	8	2
浓氨水	0.88	35	18
浓氨水	0.91	25	13.5
稀氨水	0.98	3.5	2
饱和 Ba(OH)$_2$ 溶液		2	0.1
饱和 Ca(OH)$_2$ 溶液		0.15	

附录七　常见阴离子的鉴定方法

阴离子	鉴定方法原理	用品、操作条件及干扰
SO_4^{2-}	SO_4^{2-} 与 Ba^{2+} 离子形成白色沉淀 $Ba^{2+} + SO_4^{2-} = BaSO_4 \downarrow$（白）	[操作]加 2 滴试液于试管,用 6 mol·dm⁻³ HCl 酸化,加 2 滴 0.5 mol·dm⁻³ BaCl₂ 溶液,白色沉淀析出,示有 SO_4^{2-}
SO_3^{2-}	鉴定方法一 SO_3^{2-} 与 Na₂[Fe(CN)₅NO]、ZnSO₄ 和 K₄[Fe(CN)₆] 溶液在中性介质中反应生成红色沉淀	[操作]取 1 滴 ZnSO₄ 饱和溶液,加 1 滴 K₄[Fe(CN)₆] 于白色点滴板中,即有白色Zn₂[Fe(CN)₆]沉淀产生,继续加入 1 滴 Na₂[Fe(CN)₅NO],1 滴 SO_3^{2-} 试液(中性),则白色沉淀转化为红色 Zn₂[Fe(CN)₅NOSO₃]沉淀,示有 SO_3^{2-} [备注]在酸性介质中,红色沉淀消失。用氨水中和后检验。S^{2-} 干扰 SO_3^{2-} 的鉴定,加入 PbCO₃(s)使 S^{2-} 生成 PbS 沉淀
	鉴定方法二 SO_3^{2-} 使酸性 KMnO₄ 溶液褪色	[操作]取 2~3 滴 SO_3^{2-} 试液,加 3 滴 3 mol·dm⁻³ H₂SO₄ 溶液,将放出的气体通入 0.1 mol·dm⁻³ KMnO₄ 的酸性溶液中,溶液褪色,示有 SO_3^{2-}
$S_2O_3^{2-}$	鉴定方法一 $S_2O_3^{2-}$ 酸性条件分解生成单质硫和二氧化硫	[操作]取 2 滴试液,加 2 滴 2 mol·dm⁻³ HCl 溶液,加热,白色浑浊出现,同时产生气体能使品红溶液褪色,示有 $S_2O_3^{2-}$
	鉴定方法二 $S_2O_3^{2-}$ 与 Ag^+ 反应生成白色沉淀,并迅速分解,颜色由白色变为黄色、棕色,最后变为黑色 $2Ag^+ + S_2O_3^{2-} = Ag_2S_2O_3 \downarrow$ $Ag_2S_2O_3 + H_2O = H_2SO_4 + Ag_2S \downarrow$	[操作]取 3 滴 $S_2O_3^{2-}$ 试液,加 3 滴 0.1 mol·dm⁻³ AgNO₃ 溶液,摇动,白色沉淀迅速变黄、变棕、变黑,示有 $S_2O_3^{2-}$ [备注]1. S^{2-} 干扰;2. Ag₂S₂O₃溶于过量的硫代硫酸盐中

续表

阴离子	鉴定方法原理	用品、操作条件及干扰
S²⁻	鉴定方法一 能与 Pb(Ac)₂ 反应，生成黑色的 PbS 沉淀	[操作] 取 3 滴 S²⁻ 试液，加稀 H₂SO₄ 酸化，用 Pb(Ac)₂ 试纸检验放出的气体，试纸变黑，示有 S²⁻
	鉴定方法二 S²⁻ 与 Na₂[Fe(CN)₅NO] 在碱性介质中反应生成紫红色的 [Fe(CN)₅NOS]⁴⁻	[用品] Na₂[Fe(CN)₅NO] 试剂、1 mol·dm⁻³ NaOH 溶液、点滴板 [操作] 取 1 滴 S²⁻ 试液，放白色点滴板上，加 1 滴 Na₂[Fe(CN)₅NO] 试剂，溶液变紫色 Na₄[Fe(CN)₅NOS]，示有 S²⁻ [备注] 在酸性溶液中，S²⁻→HS⁻ 而不产生颜色，加碱则出现颜色
CO₃²⁻	CO₃²⁻ 与 BaCl₂ 溶液反应，生成白色的 BaCO₃ 沉淀，该沉淀溶于硝酸（或盐酸），生成无色无味、能使澄清石灰水变浑浊的 CO₂ 气体	[操作] 取 5 滴 CO₃²⁻ 试液，并加入 1 滴 3% H₂O₂ 溶液，1 滴 3 mol·dm⁻³ H₂SO₄，产生的气体通入澄清石灰水，如溶液浑浊，示有 CO₃²⁻。另取 5 滴 CO₃²⁻ 试液，加 1 mol·dm⁻³ BaCl₂ 溶液，生成白色的 BaCO₃ 沉淀，该沉淀溶于硝酸（或盐酸） [备注] S²⁻ 和 SO₃²⁻ 干扰鉴定，所以在酸化前加 H₂O₂ 溶液，使 S²⁻ 和 SO₃²⁻ 转化为 SO₄²⁻；当过量的 CO₂ 存在时，BaCO₃ 沉淀可能转化为可溶性的酸式碳酸盐
PO₄³⁻	PO₄³⁻ 与 (NH₄)₂MoO₄ 溶液在酸性介质中反应，生成黄色磷钼酸铵沉淀 PO₄³⁻＋3NH₄⁺＋12MoO₄²⁻＋24H⁺＝(NH₄)₃PO₄·12MoO₃·6H₂O↓＋6H₂O	[操作] 取 2 滴 PO₄³⁻ 试液，加入 8～10 滴钼酸铵试剂，用玻璃棒摩擦器壁，黄色磷钼酸铵生成，示有 PO₄³⁻ [备注] 1. 沉淀溶于过量磷酸盐生成配阴离子，需加入大量过量试剂，沉淀溶于碱及氨水中 2. 还原剂的存在使 Mo(Ⅵ) 还原成"钼蓝"而使溶液呈深蓝色。大量 Cl⁻ 的存在会降低灵敏度，可先将试液与浓 HNO₃ 一起蒸发。除去过量的 Cl⁻ 和还原剂 3. AsO₄³⁻ 有类似的反应。SiO₃²⁻ 也与试剂形成黄色的硅钼酸，加酒石酸可消除干扰 4. 与 P₂O₇⁴⁻、PO₃⁻ 的冷溶液无反应，煮沸时由于 PO₄³⁻ 的生成而生成黄色沉淀

续表

阴离子	鉴定方法原理	用品、操作条件及干扰
Cl⁻	Cl⁻与AgNO₃溶液反应生成白色沉淀,白色沉淀溶于浓氨水	[操作]取2滴Cl⁻试液,加6 mol·dm⁻³HNO₃酸化,加0.1 mol·dm⁻³AgNO₃至沉淀完全,离心分离。在沉淀上加5~8滴氨溶液水,搅动,加热,沉淀溶解,再加6 mol·dm⁻³HNO₃酸化,白色沉淀重又出现,示有Cl⁻ [备注]SCN⁻的存在干扰Cl⁻的鉴定,在氨水中AgSCN难溶,AgCl易溶,滤去AgSCN,酸化后鉴定
Br⁻	Br⁻与适量的氯水反应游离出Br₂,溶液显红色。加CCl₄或CHCl₃有机相显红棕色,水相无色;氯水过量,则生成淡黄色的BrCl	[操作]取2滴Br⁻试液,加入数滴CCl₄,滴入氯水,振荡,有机层显红棕色或金黄色,示有Br⁻;如氯水过量,生成BrCl,使有机层显淡黄色 [备注]I⁻的存在干扰Br⁻的鉴定,I⁻先与氯水反应生成I₂,在有机相显紫红色
I⁻	鉴定方法一 I⁻在酸性介质中能被氯水氧化为I₂,I₂在CCl₄或CHCl₃中显紫红色,氯水过量时颜色消失	[操作]1.取2滴I⁻试液,加入数滴CCl₄,滴加氯水,振荡,有机层显紫色,示有I⁻ [备注]1.在弱碱性、中性或酸性溶液中,氯水将I⁻→I₂,2.过量氯水将I₂→IO₃⁻,有机层紫色褪去
	鉴定方法二 酸性条件下,NaNO₂溶液氧化I⁻为单质碘	[操作]在I⁻试液中,加HAc酸化,加0.1 mol·dm⁻³NaNO₂溶液和CCl₄,振荡,有机层显紫色,示有I⁻ [备注]Cl⁻、Br⁻对反应不干扰
NO₂⁻		[操作]取1滴NO₂⁻试液,加6 mol·dm⁻³HAc酸化,加1滴对氨基苯磺酸,1滴α-萘胺,溶液显红紫色,示有NO₂⁻ [备注]NO₂⁻浓度大时,红紫色很快褪去
NO₃⁻	鉴定方法一 $3Fe^{2+} + NO_3^- + 4H^+ = 3Fe^{3+} + NO + H_2O$ $Fe^{2+} + NO + SO_4^{2-} = Fe(NO)SO_4$	[操作]在小试管中滴加10滴饱和FeSO₄溶液,5滴NO₃⁻试液,然后斜持试管,沿着管壁慢慢滴加浓H₂SO₄,由于浓H₂SO₄密度比水大,沉到试管下面形成两层,在两层液体接触处(界面)有一棕色环(配合物Fe(NO)SO₄的颜色),示有NO₃⁻

附录八　常见阳离子的鉴定方法

阳离子	鉴定方法原理	操作条件
NH₄⁺	鉴定方法一 铵盐跟碱反应,生成氨气,这是铵盐的共性 $NH_4^+ + OH^- = NH_3 + H_2O$	[操作]在表面皿的中央滴几滴铵盐溶液,并滴加 6 $mol \cdot dm^{-3}$氢氧化钠溶液调到碱性。混合均匀后另用沾有红色湿润石蕊试纸的表面皿覆盖,放在水浴中微热,石蕊试纸变成蓝色,说明原溶液里有 NH_4^+
	鉴定方法二 NH_3 与奈斯勒试剂 (K_2HgI_4) 反应,生成橙黄或红棕色(与 NH_3 含量有关)沉淀,NH_4^+ 在强碱条件下,能生成 NH_3	[操作] 在滤纸片上滴一滴 10%NaOH 溶液,待液滴渗入滤纸中后,再加一滴试液,使其发生沉淀并等待液滴渗入滤纸中。用毛细吸管沾少量水垂直放在斑点中心,将 NH_4^+ 扩散到周围,在外围的水渍区上加 K_2HgI_4 溶液一滴,黄橙或红棕色斑点证明 NH_4^+ 的存在 [备注] 本法可检出 0.3 μg 的 NH_4^+
Na⁺	鉴定方法一 钠离子的焰色反应为黄色	[操作] 取试液 1 滴于试管中,加 1∶1 盐酸 2 滴,用约 1 mL 水稀释,以铂丝环蘸取进行焰色反应,浓烈的黄色火焰表示 Na^+ 的存在 [备注] 反应的灵敏度很大,0.000 1 μg 的 Na^+ 就会使火焰呈浅黄色,因此盐酸、蒸馏水及其他试剂中的微量 Na^+ 都有反应,必须做空白试验,并火焰的黄色要浓烈,才能确定 Na^+ 的存在
	鉴定方法二 锑酸根离子$[Sb(OH)_6]^-$和 Na^+ 作用,会有白色晶状的锑酸钠沉淀出现 $Na[Sb(OH)_6]$。 $Na^+ + [Sb(OH)_6]^- = Na[Sb(OH)_6]\downarrow$	[操作] 在试管中加入 5 mL 0.5 $mol \cdot dm^{-3}$NaCl 溶液,往此试管中滴加 0.1 $mol \cdot dm^{-3}$K$[Sb(OH)_6]$溶液,观察实验现象。生成白色晶状沉淀。如果没有沉淀产生,可以用玻璃棒摩擦试管内壁,放置 10 min,可再进行观察 [备注] 检验钠离子时,溶液应保持弱碱性。因为在酸性条件下,会产生白色无定形的锑酸沉淀 $H^+ + [Sb(OH)_6]^- = H[Sb(OH)_6]\downarrow$

续表

阳离子	鉴定方法原理	操作条件
Na$^+$	**鉴定方法三** 在中性或醋酸溶液中,Na$^+$与醋酸双氧铀锌生成黄绿色晶体 Na$^+$ + Zn^{2+} + 3UO$_2^{2+}$ +9Ac$^-$ +9H$_2$O = NaAc · Zn(Ac)$_2$ · 3UO$_2$(Ac)$_2$ · 9H$_2$O↓(黄绿)	[操作]1滴未知试剂加4滴醋酸双氧铀锌试剂,用玻璃摩擦管壁,观察沉淀的产生 [备注]该晶体的溶解度较大,且易形成过饱和溶液,可加入适量的乙醇,降低它的溶解度,用玻璃棒摩擦壁的目的是破坏它的过饱和状态,促进晶体快速生成
K$^+$	**鉴定方法一** 在中性或弱酸性条件下,K$^+$与Na$_3$[Co(NO$_2$)$_6$]试剂生成亚硝酸钴钠二钾黄色沉淀 2K$^+$ +Na$^+$ +Co(NO$_2$)$_6^{3-}$ = K$_2$Na[Co(NO$_2$)$_6$]↓(黄)	[操作]向试管中加入1滴未知溶液,再加几滴亚硝酸钴钠试剂,出现黄色沉淀,确定含K$^+$ [备注]NH$_4^+$ 与 Na$_3$[Co(NO$_2$)$_6$]试剂生成类似的黄色沉淀,干扰K$^+$的鉴定,因此鉴定K$^+$时必须先除去NH$_4^+$
	鉴定方法二 亚硝酸铜铅钠(以醋酸铜、醋酸铅和亚硝酸钾的混合溶液)与K$^+$反应生成K$_2$PbCu(NO$_2$)$_6$黑色立方晶体	[操作]滴取少量未知液在表面皿上,用微火烘干、冷却,滴加 Na$_2$PbCu(NO$_2$)$_6$试剂1滴,在显微镜下观察,黑色立方晶体表示K$^+$的存在 [备注]NH$_4^+$,Cs$^+$,Rb$^+$都有类似的晶体生成,以K$^+$的晶体最大
Mg^{2+}	**鉴定方法一** 把 Mg^{2+} 转化成Mg(OH)$_2$,而 Mg(OH)$_2$能溶于浓NH$_4$Cl溶液	[操作]在试管中盛1 mL MgCl$_2$溶液,滴入 NaOH溶液,产生白色沉淀,再加入少量饱和NH$_4$Cl溶液,沉淀即溶解
	鉴定方法二 把 Mg^{2+} 转化成MgNH$_4$PO$_4$白色晶粒状沉淀 Mg^{2+} + NH$_4^+$ + PO$_4^{3-}$ = MgNH$_4$PO$_4$↓	[操作]在试管中加入1 mL MgCl$_2$溶液,再加几滴盐酸和1 mL Na$_2$HPO$_4$溶液,再滴入氨水。振荡试管,有白色晶粒沉淀出现
	鉴定方法三 把 Mg^{2+} 转化成 Mg(OH)$_2$,而 Mg(OH)$_2$遇镁试剂沉淀由白色转成天蓝色	[操作]在试管中加1 mLMgCl$_2$溶液,滴入 NaOH溶液至明显有白色沉淀生成,再滴加镁试剂后,沉淀转变为天蓝色

续表

阳离子	鉴定方法原理	操作条件
Ca^{2+}	鉴定方法之一 在弱酸性条件下，Ca^{2+} 和草酸铵$(NH_4)_2C_2O_4$试剂生成白色沉淀 $Ca^{2+}+C_2O_4^{2-}=CaC_2O_4\downarrow$ （白）	[操作] 中性试液用稀醋酸酸化，加入 3%$(NH_4)_2C_2O_4$ 溶液生成白色沉淀 [备注] 由于 Ba^{2+}、Sr^{2+} 也有草酸盐沉淀，应再做焰色反应进一步证实，将所得沉淀过滤，弃去溶液，在沉淀上加 6 mol·dm^{-3} HCl 1 滴，用铂丝环蘸取灼烧，砖红色火焰证明 Ca^{2+} 的存在
	鉴定方法二 Ca^{2+} 的焰色反应为砖红色	[操作] 把铂丝先放在稀盐酸里洗净后，在无色火焰上灼烧，再在蒸馏水中洗净，又在火焰上灼烧，直到铂丝火焰上灼烧时呈无色，用清洁的铂丝蘸取含有 Ca^{2+} 的盐溶液，放在酒精灯无色火焰上灼烧，火焰呈橙红色，证明溶液里有 Ca^{2+}
Ba^{2+}	Ba^{2+} 与 K_2CrO_4 试剂反应生成黄色 $BaCrO_4$ 沉淀 $Ba^{2+}+CrO_4^{2-}=BaCrO_4\downarrow$	[操作] 取中性试液加入 10%K_2CrO_4 溶液，生成黄色沉淀 [备注] 1. 为了与其他黄色铬酸盐沉淀区别开，应做焰色反应证实。将铬酸钡沉淀过滤出，弃出滤液，在沉淀里加上 1 滴 6 mol·dm^{-3} HCl，用铂丝环蘸取灼烧，黄绿色火焰出现证明 Ba^{2+} 的存在。2. 也可以用稀 H_2SO_4 或 Na_2SO_4 溶液作试剂与 Ba^{2+} 生成不溶于稀 HCl 的白色沉淀
Al^{3+}	鉴定方法一 氢氧化铝吸附铝试剂（三羧基金红酸的铵盐$(NH_4)_3C_9H_{11}O_2(COO)_3$，商品称阿罗明拿）后，变成红色沉淀	[操作] 取 250 mL 烧杯加入 20 mL 的蒸馏水和 13 mL 3 mol·dm^{-3} 的氯化铝溶液，再慢慢加入 6 mol·dm^{-3} 的氨水，产生白色沉淀氢氧化铝。加入 0.5 mL 的铝试剂，氢氧化铝吸附了铝试剂，使溶液中的沉淀变为玫瑰色 [备注] 铝的检验试验，如有 Cr^{3+}，Fe^{3+}，Cu^{2+}，Ca^{2+} 存在时，会使检验受到干扰，因此溶液中如有上述离子时，用氨水可除去 Cr^{3+}，Cu^{2+}，用$(NH_4)_2CO_3$ 可除去钙离子

续表

阳离子	鉴定方法原理	操作条件
Al^{3+}	鉴定方法二 利用 $Al(OH)_3$ 的两性鉴别 Al^{3+}，在过量强碱溶液中先生成氢氧化铝沉淀，继而沉淀溶解，溶液酸化后又重新生成氢氧化铝沉淀 $Al^{3+}+3OH^-\!=\!Al(OH)_3\downarrow$（白） $Al(OH)_3+OH^-\!=\!AlO_2^-+2H_2O$ $AlO_2^-+H^++H_2O\!=\!Al(OH)_3\downarrow$（白）	［操作］向试液中滴加 10％NaOH 溶液，先出现白色沉淀，继而沉淀溶解，再向溶液中滴加 1∶1 盐酸，又重新出现沉淀 ［备注］Zn^{2+}，Pb^{2+}，$Sn(II)$，$Sn(IV)$ 等离子也具有类似的性质，所以鉴别 Al^{3+} 时，这些离子不能共存
	鉴定方法三 茜素磺酸钠(茜素 S)在 pH 4～9 的介质中，与 Al^{3+} 形成红色络合物沉淀	［操作］加 1 mol·dm^{-3} NaOH 溶液，使 Al^{3+} 以 AlO_2^- 形式存在，加 1 滴茜素 S，滴加 HAc，直至紫色刚刚消失，过量 1 滴有红色沉淀生成，示有 Al^{3+}
Pb^{2+}	$PbCrO_4$ 能溶于稀碱溶液中，酸化后又析出黄色沉淀	［操作］取试样少许，用稀醋酸调到中性或弱酸性，滴加几滴 10％K_2CrO_4 溶液，产生黄色沉淀，证明有 Pb^{2+} 存在 ［备注］如有 Ba^{2+} 存在，也能生成 $BaCrO_4$ 黄色沉淀，但 $BaCrO_4$ 不溶于稀碱溶液，可用于鉴别 Ba^{2+} 和 Pb^{2+}
Cu^{2+}	Cu^{2+} 与亚铁氰化钾($K_4[Fe(CN)_6]$)反应生成红棕色亚铁氰化铜沉淀，沉淀不溶于稀酸，但溶于氨水，生成深蓝色四氨合铜络离子，进一步确证 Cu^{2+} 的存在	［操作］向试液中滴 2～3 滴 6 mol·dm^{-3} 盐酸，再滴加 10％$K_4Fe(CN)_6$ 溶液，出现红棕色沉淀证明 Cu^{2+} 的存在 ［备注］如有 Fe^{3+} 共存时，因 Fe^{3+} 与亚铁氰化钾试剂生成深蓝色化合物而干扰 Cu^{2+} 的鉴定，应预先分离或掩蔽 Fe^{3+}

续表

阳离子	鉴定方法原理	操作条件
Ag^+	Ag^+ 与稀盐酸反应,生成白色的 AgCl 沉淀,沉淀溶于氨水中,用稀硝酸酸化后,AgCl 沉淀再次出现。$Ag^+ + Cl^- = AgCl \downarrow$(白)	[操作]取试液 2 滴加 1:1 盐酸酸化,析出无定形白色沉淀,取部分悬浊液用日光照射,沉淀感光变为蓝紫或蓝黑色的银。另一部分悬浊液过滤,弃去滤液,于沉淀上加浓氨水,沉淀溶解,再加入 1:3 HNO_3,白色沉淀重新出现,证明存在 Ag^+
Zn^{2+}	鉴定方法一 许多金属的硫化物是黑色沉淀,而 ZnS 是白色沉淀。可利用此性质来鉴定 Zn^{2+} $Zn^{2+} + H_2S = ZnS \downarrow$(白)$+ 2H^+$	[操作]向试液中滴加 2～3 滴氨水,在向此溶液中通入 H_2S 气体,有白色沉淀产生,证明有 Zn^{2+} 存在 [备注]试液不能有生成硫化物或氢氧化物沉淀的金属离子共存
	鉴定方法二 利用氢氧化锌的两性进行 Zn^{2+} 的鉴定,在过量的强碱溶液中,氧化锌沉淀,氢氧化锌沉淀溶解于氨水。 $Zn^{2+} + 2OH^- = Zn(OH)_2 \downarrow$(白)	[操作]向试液中滴加 10% NaOH 溶液,先出现白色沉淀而沉淀溶解,再向溶液中滴加 1:1 HCl,又重新出现沉淀,向沉淀中加入浓氨水,沉淀又溶解
Hg^{2+}	鉴定方法一 在汞盐溶液中通入 H_2S,最终生成黑色 HgS 沉淀 $HgCl_2 \cdot 2HgS + H_2S = 3HgS + 2HCl$	[操作]在试管中注入少量待检验溶液,然后逐步通入硫化氢,有黑色沉淀生成(沉淀由白色→棕色→黑色)。证明溶液中含有汞(Ⅱ)离子 [备注]在此反应过程中,首先形成是一种白色沉淀,这种沉淀是由两分子硫化汞和一分子汞盐所形成的复合物($HgCl_2 \cdot 2HgS$)。$3HgCl_2 + 2H_2S = HgCl_2 \cdot 2HgS + 4HCl$。继续通入 H_2S,此种复合物将由白色变成棕色,最后变为黑色。因此时已转变为硫化物

续表

阳离子	鉴定方法原理	操作条件
Hg^{2+}	鉴定方法二 在汞盐溶液中加入氯化亚锡溶液,则汞离子被还原为亚汞离子 在溶液中若有 Cl^- 离子存在,则立即有白色 Hg_2Cl_2 沉淀生成 $Hg_2^{2+} + 2Cl^- = Hg_2Cl_2 \downarrow$ 若将过量亚锡离子加到溶液中,则有金属汞析出,结果白色沉淀变成灰黑色汞 $Hg_2Cl_2 + Sn^{2+} = 2Hg + Sn^{4+} + 2Cl^-$	[操作]在试管中注入少量待检验溶液,然后逐滴滴入 $SnCl_2$ 溶液,有白色 $HgCl_2$ 沉淀产生。当滴加过量 $SnCl_2$ 溶液,则白色沉淀转变成灰黑色金属汞
Fe^{3+}	鉴定方法一 Fe^{3+} 与亚铁氰化钾反应生成深蓝色沉淀,俗称普鲁士蓝 $Fe^{3+} + K^+ + [Fe(CN)_6]^{4-} = KFe[Fe(CN)_6] \downarrow$(深蓝色)	[操作]取少许试液滴加几滴 $2\ mol \cdot dm^{-3}$ 盐酸酸化,加入 $10\%K_4Fe(CN)_6$ 溶液几滴,出现深蓝色沉淀,证明存在 Fe^{3+}
	鉴定方法二 Fe^{3+} 与 SCN^- 反应生成红色可溶性络合物 $[Fe(SCN)]^{2+}$,$[Fe(SCN)_2]^+$,$Fe(SCN)_3$,$[Fe(SCN)_4]^-$,$[Fe(SCN)_5]^{2-}$ 等。随着试剂的浓度增加,溶液颜色逐渐变深,反应的灵敏度也增加	[操作]向试液中加少许 $2\ mol \cdot dm^{-3}$ 盐酸酸化,再加 $10\%KSCN$ 溶液,出现红色证明存在 Fe^{3+}
Fe^{2+}	鉴定方法一 Fe^{2+} 与铁氰化钾反应生成深蓝色沉淀,俗称滕氏蓝 $Fe^{2+} + K^+ + [Fe(CN)_6]^{3-} = KFe[Fe(CN)_6] \downarrow$(深蓝色)	[操作]取少许滴加几滴 $2\ mol \cdot dm^{-3}$ 盐酸酸化,再滴加 $10\%K_3[Fe(CN)_6]$ 溶液几滴,发现深蓝色沉淀,证明有 Fe^{2+} 存在
	鉴定方法二 碱金属氢氧化物与亚铁盐溶液反应,生成白色胶状氢氧化亚铁沉淀。$Fe^{2+} + 2OH^- = Fe(OH)_2 \downarrow$(白)白色沉淀会立即变为绿色,最后为红褐色。 $4Fe(OH)_2 + O_2 + 2H_2O = 4Fe(OH)_3$(红褐色)	[操作]在一支试管里注入少量待检验溶液,用滴管吸取 $NaOH$ 溶液,将滴管端插入试管里溶液液面之下,再逐滴滴入氢氧化钠溶液。开始的时候析出一种白色的絮状沉淀,后迅速变成灰绿色,最后变成红褐色

续表

阳离子	鉴定方法原理	操作条件
Co^{2+}	碱金属氢氧化物与二价钴盐溶液生成蓝色碱式盐的沉淀 $CoCl_2 + NaOH = Co(OH)Cl\downarrow + NaCl$（蓝色） 这种沉淀和过量的碱金属氢氧化物反应，即转变为粉红色氢氧化钴。 $Co(OH)Cl + NaOH = Co(OH)_2 + NaCl$（粉红色）	[操作]在试管中注入少量待检验溶液，再逐滴加入 NaOH 溶液，可观察到有蓝色沉淀生成。继续加入 NaOH 溶液，并加热，观察到蓝色沉淀转变为粉红色
Ni^{2+}	丁二酮肟（二乙酰二肟）在二价镍盐的氨性溶液中（或醋酸钠溶液中）生成玫瑰红色的结晶沉淀	[操作]在试管中加入少量试液和 NH_4Ac 溶液，混合后，再加入丁二酮肟的酒精溶液。观察到有玫瑰红色的结晶沉淀生成。表示有 Ni^{2+} 离子存在
Mn^{2+}	在强酸性溶液（HNO_3 或 H_2SO_4）中被 $NaBiO_3$ 氧化成 MnO_4^-，溶液出现深紫红色 $2MnSO_4 + 5NaBiO_3 + 16HNO_3 = 2HMnO_4 + 5Bi(NO_3)_3 + NaNO_3 + 2Na_2SO_4 + 7H_2O$	[操作]在试管中加入少量试液，滴入几滴 HNO_3，再加入固体 $NaBiO_3$，观察到溶液呈现深紫红色。证明试液中含有 Mn^{2+}

参考文献

1. 崔学桂,张晓丽,胡清萍. 基础化学实验(Ⅰ)——无机及分析化学实验[M]. 2 版. 北京:化学工业出版社,2007.

2. 崔爱莉. 基础无机化学实验[M]. 北京:高等教育出版社,2007.

3. 大连理工大学无机化学教研室. 无机化学实验[M]. 3 版. 北京:高等教育出版社,2014.

4. 南京大学《无机及分析化学实验》编写组. 无机及分析化学实验[M]. 5 版. 北京:高等教育出版社,2015.

5. 袁天佑,吴文伟,王清. 无机化学实验[M]. 上海:华东理工大学出版社,2005.

6. 北京师范大学无机化学教研室. 北京:无机化学实验[M]. 3 版. 北京:高等教育出版社,2005.

7. 王秋长,赵鸿喜,张守民,等. 基础化学实验[M]. 北京:科学出版社,2003.

8. 徐如人,庞文琴. 无机合成与制备化学[M]. 北京:高等教育出版社,2001.

9. 周宁怀. 微型无机化学实验[M]. 北京:科学出版社,2000.

10. 范勇,屈学俭,徐家宁. 基础化学实验:无机化学实验分册[M]. 2 版. 北京:高等教育出版社,2015.

11. 何永科,吕美横,刘威,等. 无机化学实验[M]. 2 版. 北京:化学工业出版社,2017.